[日] 岸见一郎 著
夏言 译

你们聊我听听

果麦文化 出品

目录

第一部分 | 为自己而活的心得

Q1

怎样才能一夜之间彻底改变？ / 3

Q2

我要忙的事太多，精神总是高度紧张，怎样才能减轻压力？ / 9

Q3

如何才能喜欢自己？ / 15

Q4

我不想总是讨好别人，到底该怎么与他人相处？ / 23

Q5

我对现在的生活很满意，但一想到这种日子不知何时会结束，我就害怕。/ 29

i

Q6

我希望无论何时都能拥有勇往直前的坚强意志。／ 35

第二部分 | 直面生活中的烦恼

Q7

人生中的一切都让我焦虑。我不知道现在的工作以后会怎样，我存款很少，也没有伴侣。我该怎么办？／ 43

Q8

我现在说不上幸福，也说不上不幸，怎么能更幸福一点呢？／ 49

Q9

我没什么热爱，也没什么明确的人生目标，只有岁数年年增长，这让我很焦虑。／ 55

Q10

我想为了某个目标攒钱，但这意味着要削减日常开支，就会过得不开心。／ 62

Q11
我很担心老了怎么办。我要干到多少岁？那时候还能找到工作吗？光是想想我就焦虑。/ 67

Q12
周一或长假后第一天总是异常痛苦，有没有什么办法能稍微好过一点？/ 73

Q13
最近我开始害怕变老。/ 79

Q14
遇到不想干的活儿怎么办？/ 86

Q15
我整天忙着工作和社交，心力交瘁。/ 93

Q16
如何能在五十岁以后更快乐？/ 100

第三部分｜克服人际关系的压力

Q17
如何与自己讨厌的人相处而不感到压力？／109

Q18
我想进入新圈子多认识一些人，可是交朋友又很麻烦。／114

Q19
怎么才能心胸豁达呢？我总是想对人发火。／120

Q20
我受不了领导对我挑三拣四、大吼大叫。／126

Q21
我有一个同事什么活儿都不干，却总对别人的事指指点点，就爱发表意见，自我表现。这种同事太讨厌了。／133

Q22
阿德勒心理学要我们对孩子不表扬、不批评、平等对待,但这做不到。／ 140

第四部分 ｜ 恋爱和婚姻的哲学

Q23
怎么才能与没有未来的伴侣断绝关系？／ 149

Q24
喜欢我的人我不喜欢,我追求的人又对我没兴趣。／ 154

Q25
我真心爱上了一个不该爱的人,我知道不应该,但分不了手。怎样才能结束这段关系？／ 161

Q26
我和伴侣总吵架,虽然都是小事,但还是让我心烦。／ 167

Q27
最近我在为性无能发愁,有办法治好吗? / 172

Q28
我总是跟有问题的人交往。好想谈一场幸福的恋爱。/ 178

Q29
爱一个人意味着什么? / 184

Q30
请告诉我,怎么能保持彼此关心? / 191

后记 / 197

第一部分

为自己而活的心得

自分のために生きる
心得

Q1

怎样才能一夜之间彻底改变？

每到新的时节就会有人畅想"理想中的自己"。虽然发誓"不随波逐流""要宽容豁达"，但真做起来却很难。即使刚开始能坚持一阵子，最后还是会不知不觉走上老路。怎么才能真的改变自己呢？

A1

勉强改变不会成功，
重要的是
"善用"自己。

很多人都想趁开始新生活时"改变自己",可这并不容易。即使决定"今年绝不随大流,我要坚持自己",或者"我要做个豁达的人",也会很快发现自己又被别人牵着走,或是变得烦躁易怒。

<u>除非被逼到走投无路,否则人怎么下决心都不会改变。换句话说,只要老路还走得通,人就不会改弦更张。</u>话虽如此,对于"怎样才能改变"这个问题,光回答"你不想改"毫无意义。所以在搞懂为什么改变这么难后,还是要想想有什么办法。

改变之所以难,还有一个原因是现状虽然不舒服、不方便,可毕竟熟悉。用老办法能一定程度上预测结果(即使不是自己想要的),<u>不变意味着可以预见下一步;相反,用新办法就不知道接下来会发生什么,而无法预测将来比人们想象的更难以承受。</u>

况且有时老路也确实更好。比如你想坚持己见并贯彻执行,那就必须一切由自己决定,而这就能成为你放弃改变的理由，毕竟自己决定意味着要承担相应的后果，即使事情没按预期发展也不能推脱责任。这可不轻松，毕竟想坚持己见的人内心深处也不想担责。比方说爱唠叨的妻子想变得豁达，结果却可能适得其反：丈夫回家越来越晚，孩子也开始不学习。面对现实的恶性循环，有多少人能淡然地说："即使情况恶化，但我既然决定不唠叨，就不会开口。"与其如此，还不如一如既往巩固"维持家庭秩序的管理者"的地位。人类就是这么思考问题的。

此外还有一个原因是：改变不会马上看到结果。三分钟热度的人就算决心坚持也要花上一段时间，有些改变甚至要几年后才能真正看到好处。

重新审视过去的自己

怎么才能改变呢？首先，你要改变的是行为而不是个性或性格，毕竟只有行为才能被有意识地改变。

比如你不想随大流，那就被人约酒时每三次拒绝一次。比如做个豁达的妻子很难，那你至少可以对晚回家的丈夫面带微笑地说："回家啦！"虽然这不一定能让丈夫变好，可你心里的感觉总比恼火强吧？再比如看到孩子不学习就生气，那你就不要看。虽说不管孩子可能越来越不学习，但要是骂了也不学，你的怒火就是纯纯的损失。

这里面最重要的是：<u>一开始不要把门槛设得太高，等有了一点成功后再逐渐提高难度。</u>

另外，如果很难改变自己，审视过去的自己也能让你换个活法。

阿德勒说："重要的不是被给予了什么，而是如何使用被给予之物。"据说米开朗琪罗雕刻大卫像的大理石上原本有一道巨大的裂缝，所以从来无人问津，直到米开朗琪罗从中看到了大卫，造出了大卫。如果没有这道裂缝，可以说就不会有大卫像的诞生。

"自己"这件工具是没法换的。哪怕"自己"有瑕疵，关键问题还是如何"使用"。你可以试着把自认为的缺点当作长处,就像手机、电脑升级系统后不用换机就能获得新工具一样,你不妨也试着给"自己"做个升级吧。

Q2

我要忙的事太多，精神总是高度紧张，怎样才能减轻压力？

工作、学习、社交、兴趣……我们时时刻刻都在被催促着。我们被万事追逐，疲惫不堪，甚至分不清什么是必须做的，什么是自己想做的。我想摆脱这样的生活，有没有什么建议？

A2

压力来自差距。
要点就是要缩短理想
与现实的差距。

压力是理想与现实间的差距。这里的"理想"指的是即使有很多事也能轻松完成——尽管想高效处理多项工作真的是很难。

比如我就总是揣着一大堆稿子赶截稿日,所以每当听说哪个作家提前一年交稿,或是谁说要在截稿日的早饭前一口气把杂志约稿写完,我就感慨像我这种写什么都要苦磨的人实在学不来。我的理想是"在截稿日前按部就班地写完",我的现实是"只写了一点,不可能赶上截稿日",于是二者之间的差距就产生了巨大压力。

这只是我个人的例子,但有类似经验的人应该不少。其实不只是工作,家务和育儿也一样,当你发现有太多事要做,你就会感到巨大的压力。

怎么才能减轻压力呢?

坦率说,最简单的办法就是减少要做的事。可能有人会反驳:"就是减不了才崩溃啊!"那么,改变心态也是可以减轻压力的。

应对压力的两种方法

压力源于理想与现实间的差距,所以我们就要缩小差距,办法之一就是拉低理想,也就是"减少待办"。要做到这点,我们先得搞清楚这件事是不是必须做的。为什么这么说?因为很多时候,我们只是自以为某件事是必须做的。

比方说,你早上起床时发现自己发了高烧,你就不必去上班,正常来说也不会有公司要求员工爬着也要来上班。不管是必须亲力亲为的,还是有截止时间的,实际上这些事都不是不能延后。这么一想,很多事都不是必须马上做的。

再说个我自己的经历。此前我心梗住院时收到了马上要出版的书的校样——编辑不知道我住院了。这种情况下,我当然可以说:"我在住院,可以等几天吗?"但我想要是这么说,可能以后就没人找我了,所以就逼着自己干完了。现在想想，就算会失去工作，明显也是生命更重要啊。

另外，就算没病，我们也要清楚人生中什么更重要。在韩剧《青春记录》中，从模特转型做演员的青年司惠俊，不靠父母和关系迅速成为明星，却忙得连爱人也难见一面，最终只能分手。爱人安贞河对他说："我们的时间对不上。对不上的时间即使努力对上，最终还是会分得很远。"这个"时间"指的不仅是约会被放鸽子吧？要是我，就算得放弃梦想，也要能毫无顾虑、随时随地看到爱人。

与爱人见面当然没有压力，但如果是不得不见且因此感到压力的社交活动，那就要有所限制。不想去就拒绝吧，虽然可能会被说不合群，但是如果想守住自己的时间，就要为自由的生活付出代价。

另一种减压方法是"拉高现实"。事情只有必须做的、想做的和能做的三种，这里头我们能干的其实只有第三种，从能做的开始。所以，我们要循序渐进，不要想着一次完成，做一点歇一下，如此循环。

虽说马上开始最没压力,但要是决定今天不做,那就想好什么时候做,并且在那之前不要再想,这样就没有压力。压力最大的莫过于一边想着得赶紧做一边什么也不做。所以"不想"是放松的必要条件。

当然了,这个办法也不是没问题,比方说以为三天能干完的活儿,后来发现时间不够;或者真打算干的那天,身体突然不舒服。

另外,必须做的往往是我们不想做的,这时就可以转换思路,把必须做的变成想做的。比如为了工作不得不学外语,那就想办法让自己主动学。我虽然没必要学韩语,但看韩剧、韩语电影时我很享受,不知不觉就学会了。或许那些习惯了刻苦的人会不认可,但任何东西都还是要喜欢才能学好。

Q3

如何才能喜欢自己？

很多人都有这样的烦恼：总是关注自己的缺点，没法真心肯定自己，不自觉就会将自己与他人比较，然后沮丧地想："为什么我这么没用？"怎样才能肯定自己呢？

A3

讨厌自己
是因为对标理想看差距。
人只要活着
就在为他人做贡献，
这么一想，
无论如何都会喜欢自己。

我为很多人做过心理咨询，当我问对方："你喜欢自己吗？"大部分的回答都是"不太喜欢"，或者"非常讨厌"。

对方会说："因为从小父母和周围的大人就一直说我不行。"可并不是所有在消极评价下长大的人都不喜欢自己，况且也没人在隔绝坏话的"无菌状态"下长大。即使没有父母，像老师啊，同学啊，说话难听的人到处都是。即便如此，还是一部分人长大后能一直肯定自己，另一部分人始终缺乏自信。

这种差异是怎么来的呢？关键区别就是你是否想喜欢自己。阿德勒说：

只有当你觉得自己有价值时，你才会有勇气。

这里的"勇气"指的是投入工作学习的勇气和与人相处的勇气。相信自己有才能的人在工作学习中也

<u>会认真，认为自己干什么都不行的人在工作学习中也不积极，因为他们觉得努力也没用，但其实是他们没努力才没有好结果。</u>

他们不喜欢自己不是出于某个原因，而是基于某个目的。你可能认为不喜欢自己的人是这么想的：我没有价值，所以不喜欢自己，也就缺乏勇气。可事实并非如此，他们首先是不想要勇气，然后才认为自己没价值。

为什么他们不想要勇气？因为他们害怕结果。在工作和学习中，只要认为自己没能力（也就是没价值），人就可以不挑战，也就不会有结果，这样就不用面对失败。

至于人际关系，社交中有摩擦就会有伤害。比如你向意中人表白，对方可能会说："我从来没把你当异性。"这种事只要经历一次，以后就算再喜欢上谁，你恐怕也会因为怕受伤而不敢表白。

如果不想在社交中感到不快或受伤，最好的办法就是不社交。但有了勇气就会社交，也就可能受伤。所以，他们选择拒绝社交。

可拒绝社交需要一个理由，于是他们告诉自己："你都不喜欢自己，别人怎么会喜欢你？"如果你问他们："你不喜欢自己什么？"他们肯定能说出很多理由，但其实他们不需要理由，他们只是为了不喜欢自己编造借口。

要改变这点可不容易，毕竟不管你说什么，他们都很难喜欢自己。但是问"怎么能喜欢自己"的人还是有救的，毕竟就算现在不行，他们也已经在寻求改变。只要肯努力，人就能喜欢上自己。

评价和价值不一样

对此我们还是有些办法的，比如我说："你不喜欢自己是因为你期望如此。"如果你回答："从来没人说我好，所以我不喜欢自己。"我会告诉你：外界的评价和自身的价值是两回事，被人称赞你可能会开心，但那也只是别人的评价，并不能为你增添价值。

<u>如果能区分评价和价值，你就可以不在意外界的评价</u>，也不会因缺乏肯定而自我厌恶。不过对长期在意评价，因缺乏肯定而不喜欢自己的人来说，恐怕还是需要一段时间才能摆脱这些影响。

你还可以尝试把自认为缺点的特质想象为优点。比如有人认为自己"阴暗""消极"，我就会说："我觉得你是一个能意识到自己的言行对他人的影响的人，所以至少到目前为止，你从来没有故意伤害过别人，对不对？"大多数人听了这话都会回答："确实。"这里我必须要说"故意"，因为人总会在无意中伤害别人。接着我就会说："你不阴暗，你只是细腻。"如果自己是细腻的人，就可以喜欢了吧？像这样把缺点变成优点，增加自信，人就能获得与他人相处的勇气。

当然，即使把缺点看成优点，这也还是一种评价。但是，如果能通过自我改观而喜欢自己，那就不是靠别人的肯定增添自我价值，而是以他人的肯定为契机肯定自己的价值，进而认可自己。如果能借机与他人相处，就能在人际交往中肯定自己。阿德勒曾说：

> 只有当我的行为对共同体有益时，我才觉得自己有价值。

人在什么情况下会喜欢自己？那就是觉得自己在以某种方式帮助别人、为他人做贡献的时候，这时人就会认可自己的价值，进而喜欢自己。因此，我们需要人际交往。

只是，这未必需要某种"行为"，我们只要相信：我活着就是对他人做贡献。肯定有人会对此嗤之以鼻，毕竟在这个时代，成绩或者说成功才有价值，什么都不行的人没有价值，也没法喜欢自己。可这也只是大众的评价，这种评价并不能决定一个人的价值。

不妨这么想：小孩子即使什么都不干，只要活着就能让周围人感到幸福；那么，没道理说大人不能和小孩一样，只是活着就让周围人感到幸福。如果对照理想看差距（说是理想，其实也跟成功一样是大众认可的那些），人就没法喜欢自己。可要是你有因病卧床的亲人朋友，是不是觉得只要人活着就好？如果你这么想，那就试着同样以"活着就好"的标准看待自己，这样，你无论如何都会喜欢自己的。

Q4

我不想总是讨好别人，到底该怎么与他人相处？

我总是为了博好感而下意识地表现得八面玲珑，或是怕被讨厌而拣好听的话说，然后渐渐感到疲惫，最后对自己感到极度厌恶。怎样才能做真实的自己呢？

A4

讨好归根结底
是因为不信任。
就算展露真实的自己，
别人也不会离开。

与人交往难免产生摩擦，即使有意见要说，为了不惹人嫌，我们还是会合群地保持微笑，我们甚至会被认为是好人。可如果总是这样，我们又会感觉很烦。

为什么会烦？因为即使你通过讨好获得他人的喜爱，那也不是真正的你。阿德勒说，在意他人看法并想显得更好的人会"失去与现实的联系"。

我译作"失去与现实的联系"的句子，德语原文是unsachlich，它是从表示"事实""现实"的名词sache派生出的形容词sachlich的反义词，意思是"不符合事实"或"不符合现实"。"事实""现实"就是真实的自我，所以想显得更好的人会失去与真实自我的联系。也就是说，总在讨好的人为了给人留下好印象而言不由衷、行不由己，这就意味着他们的生活与自我失去了联系。

另一个让人不快的原因是如果你对每个人说"我只喜欢你"或"我只相信你"，你就会失去他人的信任。当合得来的人说"只有你",你听了会很高兴;可如果发现对方对每个人都这么说,你就会不再信任他。同样的道理也适用于你讨好两个有竞争关系的领导时。

讨好让你失去了什么

第三个原因是,你或许能通过讨好而赢得某人的好感,却也可能因此得罪另一个人。评论家加藤周一在回想小学时期时,写过这样一个故事:

小学门前有一家面包店,学生可以午休时去买面包,其他时间严禁出校。有一回,学生们觉得瞒着老师出去买个面包问题不大,于是在非午休时间出了校门,结果被发现了。

"都有谁出校门了?"班主任质问道,加藤也是出校学生之一,"是谁说要出去的?"

"不知道谁说的,一大群人跑了出去,我就跟在后面了。"加藤如此回答。接着老师追问:"你知道规矩吧？"

"知道。"

"那么多人跑出去，你为什么不阻止？"

"……"

"你是想阻止但没成功吗？"

"……"

"你是想阻止他们才追出了校门吗？"

加藤知道这个问题是故意的，是想救自己。如果答"是"自己就能逃过批评，虽然这是谎话；可如果说"我没想阻止"，又不知道会受到什么惩罚。加藤犹豫了一下，然后小声说："是。"或许老师是觉得加藤成绩优异，不可能像其他学生那样违反规定。而加藤虽然讨好了老师，可似乎也失去了某些东西。

加藤接着写道：

> 我当时几乎听不到老师说的"好，你走吧"。当我逃过一劫离开时，我唯一感到的是身后一排"共犯"学生的视线，那无形的目光不是在谴责我的谎言，而是在蔑视我的

背叛。与此同时，我鄙视自己，强烈地憎恶自己。

再往前想一步，或许可以认为这位老师并不是要救加藤。老师说"你走吧"，也不是他信了加藤的话，原谅了他，而是对他掩盖过错、讨好老师感到失望。

爱讨好的人缺乏的是信任。就算说真话、展现真实的自我，别人也不会离开你。如果你觉得不一直讨好，别人就会离开，那就是你不信任别人；而如果别人真的离开你，你就该明白你没能获得别人的信任。

人不该目中无人、不顾他人感受，但如果你总是讨好别人、言不由衷，这样的关系也很难长久。

Q5

我对现在的生活很满意，但一想到这种日子不知何时会结束，我就害怕。

客观地说我很幸运，也没什么不满意的。但正因为幸福，我偶尔会感到不安，会害怕幸福终结。这很奇怪吧？但我知道没什么能永远不变，所以会害怕。如何才能安心享受当下？

A5

没必要怕幸福终结。
重要的是
为了体验当下的幸福，
要意识到死。

此刻的生活静好是最重要的。如果你为此满足，就不必为幸福何时终结而担忧。

为什么呢？

古罗马皇帝马可·奥勒留经历过多次丧子之痛。他的十四个孩子大多夭折，只有五个女儿和一个儿子长大成人。于是奥勒留说：

> 有人许愿："不要失去孩子。"而你许愿："不要怕失去孩子。"

这个"你"指的是奥勒留，他是在对自己说。他当然不想再失去孩子，但对多次丧子的奥勒留来说，祈愿不失去孩子是不现实的。即使不是失去孩子，我们也会遇到其他无法掌控的事。哪怕今天身体健康，明天也可能突然病倒。所以对任何人来说，祈愿坏事不发生都不现实。

然而，正如奥勒留告诫自己不要怕失去孩子一样，你可以做到**不害怕意外到来**。毕竟就算发生意外，生活不再静好，幸福也未必就会终结。正如奥勒留所说：

> 哪里有灾祸呢？只有你认为的灾祸。

<u>外界发生的未必是灾祸，只是你自己将其认定为灾祸。</u>比如生病的人可能会因此反思人生，从此过上另一种（大概率是幸福的）生活；而如果有携手同行的人，共渡难关也会让彼此的关系更紧密。

意识到死

刚才讲的是生病，但提醒我们平静生活无法永续的最大因素是死。凡人终有一死，没有例外，但这是我们珍惜眼前幸福所必需的。奥勒留引用爱比克泰德的话说：

> 当你亲吻你的孩子时,你当对自己说:
> "或许他明天就会死。"这并非不吉利。死
> 不是不吉的词,而是大自然的运作。否则,
> 麦子被收割也是不祥之兆。

有一个拉丁词组叫 memento mori,意思是"不要忘记死亡"。奥勒留在最幸福的时刻,应该会在心里默念:"你或许明天就会死,不要忘记死亡。"

为什么奥勒留认为自己该这么做?他的意思不是说先想好最糟的情况,这样不管发生什么都不会崩溃,至少冲击会小一些。他的想法是:死是自然的运作,就像麦子被收割一样。这么一想,"你或许明天就会死"就不是不吉利的话。死绝不是最糟的。奥勒留正是因为在最幸福的时刻,才对自己说:"你或许明天就会死。"他在提醒自己不要忘了死亡在生命的尽头等待着。

为什么我们不该忘记死亡?因为它能让我们认真地过好当下。如果你忘了明天可能会死,你就不会认真地度过今天。以奥勒留讲孩子为例:此刻和孩子共

度的时间就是一切，那么今后亲子关系会怎样，都不是现在要考虑的问题。

如果忘了明天可能会死，人们就会把今天看作为了明天而活。谁都不知道明天会怎样，所以每个人都该过好今天。

没人能决定明天，但也不是说什么都不能做。我们可以与那些意外来临时，能帮助我们或需要我们帮助的人维持好关系。因此，我们要认真地活在当下，平稳度过每一天。

Q6

我希望无论何时都能拥有勇往直前的坚强意志。

没人能预测未来。有人会为看不到前路感到焦虑,也有人不管遇到什么困难都能态度积极。怎样才能拥有坚强的意志并克服困难呢?

A6

所谓的坚强意志
只是虚张声势，
不要期待无论何时
都能勇往直前。

人只要活着，早晚会遇到怎么都跨不过去的槛，可能还不止一次。虽然如此，还是有人能不被击垮。哪怕同样的经历，不同人的想法也不一样。那么，能克服困难的人是因为心态积极吗？是因为心理素质强吗？并非如此。

有这样一个故事：一个人要去维也纳的剧院，可临出门前，他突然得去另一个地方。等他办完事终于到达剧院时，那里已经被大火烧了。阿德勒引用这个故事说：

> 一切化为灰烬，他却独独得救，可以想象这个人会觉得命运对自己有更重要的安排。

阿德勒还说，那些在重大灾难或事故中获救的人会深感命由天定——当然这个命必须是好命。然而自认命好的人如果遇到绝境，就会灰心丧气甚至陷入抑郁。剧院火灾的幸存者幸免于难是因为临时有事，不是他做了什么。尽管这次侥幸躲过，但他不会永远这么幸运。

阿德勒还讲过一个不会游泳的少年，他因为想被人称赞而跳了河，结果差点淹死。阿德勒用这个故事讲了两点。首先，这个少年并不勇敢，而是怯懦。通常来说，就算被朋友起哄，不会游泳的人也不会跳河，哪怕这意味着被嘲笑。其次，他指望别人救他。虽然没人会见死不救，但要是没人出手，他就会对那些人愤怒，忘了原本是自己行事鲁莽。

有些人会毫无理由地认定大灾大难绝不会落到自己头上，相信命运必定拯救自己。如果运气好能一直躲过危机，他们还可能认为自己是被选中的人。然而一旦事情超出预想，他们就会深受打击。勇敢的人即使遇到挫折也不会受伤，阿德勒说："有些人怀着优越感，觉得自己什么都行。"所谓"优越感"就是觉得自己无所不能，绝不会失败。

坚强意志是必需的吗？

在另一个语境里，阿德勒也肯定了"我无所不能"的心态。他提醒我们不要因为才华、遗传等方面的原因而认定"我不行"。认为"我不行"是一种自卑感。想做成事必须努力，但如果不努力就认为自己能行，那就是自卑感的反面——优越感。

有一个实验是将三个性格不同的男孩带到狮子笼前，观察他们第一次面对狮子时的反应。第一个男孩回头说："我们回家吧。"第二个男孩说："真酷！"他想让自己显得勇敢，但其实他在发抖，他胆子很小。第三个男孩则说："我能对狮子吐口水吗？"

我认为这三个男孩中，第一个男孩的心态很健康，其他两个男孩其实很害怕，但他们试图隐藏恐惧，假装勇敢。想要拥有"无论何时都能勇往直前的坚强意志"的人，就和这两个假装勇敢的男孩一样。

那么应该怎么办呢？答案就是不要期望"无论何时都能勇往直前"。用斯多葛学派的话来说，就是你不要做不在能力范围内的事，也就是不要做超出你自己能力的事。不过该做的事还是要做。为了克服困难，你必须确定你能做什么，不能做什么。更重要的是，如有必要，去寻求他人的帮助。

第二部分

直面生活中的烦恼

**人生の苦悩
と向き合う**

Q7

**人生中的一切都让我焦虑。
我不知道现在的工作
以后会怎样，
我存款很少，也没有伴侣。
我该怎么办？**

人生总是伴随困难，担忧起来没有尽头：如果突然丢了工作导致身无分文怎么办？如果自己或家人突然生病怎么办？如果一直单身最后孤独终老怎么办？

A7

因为没有明确目标，
所以一切都让人焦虑。
你需要停止念叨，
从能做的事开始做起。

每个人都会焦虑。在这个时代，不仅是工作，我们对自己乃至世界的未来都一无所知。我能找到工作吗？找到了工作能干到退休吗？能结婚吗？能拿到养老金吗？会孤独终老吗？……一旦开始想这些，人就难免焦虑。然而，你没必要对"一切"都焦虑。

为了认清什么是焦虑，我们先要把它与恐惧区分开。与焦虑不同，恐惧有明确的对象。比如地震时建筑剧烈摇晃，你会感到恐惧，会想逃。留在原地很危险，所以恐惧对生存来说是必要的，即使有时候心里想跑身体动不了。恐惧与明确的对象（地震）有关，因为知道其原因，所以地震结束后恐惧很快就会消失。

然而焦虑不是这样。克尔凯郭尔说焦虑的对象是"无"，也就是"说不清的焦虑"。不是某件事让人焦虑，而是没有理由（无）却让人焦虑。

当你为地震焦虑时，地震并不是一个明确的对象。当然，焦虑也不是毫无根据，就像不知地震何时发生并不妨碍地震会发生。这个世界上有很多不公平的事，也有很多社会问题需要系统性的改变，然而在面对可以靠努力改变的人生课题时，仍然有人会像阿德勒说的那样"瞻前顾后"（见下一节）。他们会说："就算努力工作，将来也不知道会怎样。""我又没有多少钱。"但这样只是在逃避。

焦虑时该怎么办？

焦虑和恐惧不同，没有明确的对象。那么，为什么它没有对象？因为没有必要。毕竟只要莫名感到焦虑，人就可以把它当成什么都不做的借口。

比如说在社交中遭遇过挫败的人，因为害怕再次被背叛或被伤害，他们会对建立新关系感到焦虑，并把这种焦虑当作逃避社交的借口。对于这些焦虑的人，阿德勒分析道：

出于防御，他们伸出一只手；但为了不看到危险，他们用另一只手遮住眼睛。

这样的人在人生课题前虽不会停下，但为了保护自己，他们会一边防御着前进，一边因为焦虑用手遮住眼睛，以免看到危险。恐惧的人会停下或逃走，而焦虑的人会瞻前顾后。

害怕在社交中受伤的人也不认为自己能独自生活，他们采取防御姿态避免深交，但也不彻底切断与他人的联系。可由于先有了逃避的念头，且附加了焦虑的情绪，因此一遇到困难，他们就会逃跑。阿德勒说："一旦人们获得了逃避困难的办法，这种办法就会随着焦虑的附加愈发坚定。"于是，他们就会越来越不愿意面对人生中的课题。

那么，焦虑的人该怎么办呢？首先，你要认清自己在所处的现实中并不至于走投无路。人生中的很多事，不试试看是不会知道结果的。有时你觉得自己没问题，一动手才发现异常困难，只好放弃；有时又刚好相反：无论怎样，你都只能从自己能做的开始。

比如考试前你可能会担心考不好，但你能做的只有复习。虽说学了也未必会考好，可要是你因为考前焦虑导致准备不充分，那这就是逃避。考不好，再考一次就行了。

此外，很多人因为未来不可预测而焦虑。可人生正是因为不可知才有意义。你难道想要一切按预想发展的人生吗？有人说自己不敢读不知道结局的小说，可我认为不知道才有趣呢。

况且，人生本来就不可能事先定好。

Q8

我现在说不上幸福，
也说不上不幸，
怎么能更幸福一点呢？

我不觉得自己不幸，可也不觉得怎么幸福。我总感觉自己处于一种两边不靠的状态。怎么才能变得更幸福一点呢？这个问题看似简单，想回答却找不到答案。希望您能聊聊幸福。

A8

幸福没法"变得"。
简单地说，
活着本身就是幸福，
重要的是有这个意识。

我注意到你只是有想幸福的愿望，却并不迫切。当你说"虽然不觉得不幸，但想变得更幸福一点"时，在我看来等于在说："有可能的话，我想幸福一下。"或者："我想要幸福，什么时候都行，最好早点。"这似乎有点拧巴。

你不是不能幸福，恰恰相反，你是不想幸福。这时肯定有人会反对：怎么会有这种人？确实，每个人都想幸福，但有时就算想，结果却是相反。因为不想幸福的人（至少没有积极追求幸福的人）总是在拧巴地追求幸福，而那些装腔作势说"我才不会幸福呢"的人也是一样。

这里面有两种原因。第一个是不想社交：认为自己不幸福的人不会积极与人交往。与人交往就会产生摩擦，可能会被讨厌、憎恨、背叛，受到伤害。

我在学校教书时，常有学生问我："我喜欢上了一个人，我该怎么办？"如果我说："喜欢就说出来嘛。"他们就会回答："但是……"

"但是什么？"

"如果对方说对我没想法，那不是很惨吗？"

这个学生没法接受心上人心中没有自己，最终选择了放弃。我同意被心上人拒绝是很惨，但害怕变惨的人甚至会因为怕被拒而不告白。于是他们需要一个借口，那就是认定自己没有价值。连自己都不喜欢自己，别人怎么可能会喜欢你呢？而且只要失恋一次，他们就会觉得自己真惨啊。

其实冷静想想就会明白，同样的事未必会再次发生。但那些处于失恋旋涡中的人会觉得自己可悲到极点，而且以后也不太会积极地与人交往。

人没法"更"幸福

人不想幸福的另一种原因是幸福的人不会被关注，不幸的人则会获得同情，如果找心理咨询还可能被安慰（虽然我不会这么做）。

曾经有人收到朋友的信息："太痛苦了，我活不下去了。"担忧之下他连夜开车赶到对方家里，结果眼前已经有五个人了。当然不是每个人都会这么极端，但多数人希望被关注也是事实。只是如果方法失当，试图用极端行为博取关注，这绝对是不健康的。

孩童时期的我们需要父母常伴左右，自然成了家庭的中心。然而随着我们逐渐独立，能做的事越来越多，幼年时期的关注也会随之消散。这是自立，也是成长，不再像出生后那样处于家庭中心是应该的。对家庭、对某种共同体的归属感，或者说对安身之所的希冀是人类的基本需求，但这和成为人群的中心是两回事。总想被关注就是想成为人群的中心。比方说你喜欢上一个人，想获得对方的爱就是想成为你和对方组成的共同体的中心。幸福的人不需要关注。但对从小就在人群中心、希望一直被关注的人来说，接受这一点需要勇气。

前面我用了咨询里的说法，即"变得幸福"，但实际上人不可能"现在不幸，将来变得幸福"，也不可能某件事发生后人就变得不幸或幸福。你似乎期待什么事能把你变幸福，但其实唯一的幸福就在你眼前。

还有，想"更幸福"也不对，因为幸福不可度量。人不可能更幸福，因为现在和将来的幸福是一样的。换言之：活着本身就是幸福，意识到这点就会幸福。

陀思妥耶夫斯基的小说《白痴》中有一个死刑犯，当他意识到自己的生命只剩五分钟时，他开始思考怎么使用这仅有的时间。他先是花两分钟与朋友们告别，接着再花两分钟反思自己，最后剩下的时间则用来看看周围的景物，看看这个世界。然而最终他被豁免了。此后他又会怎样使用被赋予的时间呢？他不再计算，恣意挥霍。他没有因获救而珍惜每一秒钟，他浪费了大量时间，可这就是现实。

人没必要活得很窒息，能不算计着生活很幸福。如果你现在不觉得自己不幸，那你就是幸福的。

Q9

**我没什么热爱,
也没什么明确的人生目标,
只有岁数年年增长,
这让我很焦虑。**

不知不觉间,周围人已经一个个结婚、生子,过得幸福美满。也有人立志高远,在事业上稳步前行。再看看我自己,日子一天天过去,对什么都提不起兴趣,这样不行吧?

没有热爱也可以，
不想成名成家也没关系，
这么说吧，
没有人生目标并不要紧。

归根结底,"只有岁数增长"真的可能吗?因为这意味着其他任何事物都不变,但其实别的事物也是会变化的。

首先,你身处的环境在变。如今,比起在一家公司干到退休,更多人会换工作。即使你不打算换工作,公司本身也可能倒闭。

其次,你自己也不可能只是变老。高中时,我们班主任曾在课上点评作文,一个同学在作文中写道:"今天我又什么都没干。"对此老师的评语是:"如果你真能什么都不干,那可真厉害。"也就是说,人不可能无变化地度过一段时间。确实,因为生活就是行动,就是变化。只要活着,人就不可能不变化。

哲学家森有正曾在他的一篇随笔中写到巴黎圣母院后院公园里一棵茁壮成长的小栗子树,以及塞纳河里溯流而上的船只:

不知不觉间，圣母院的幼苗已经长高了好几倍。刚才我还凝视着的缓缓上行的船只，也不知不觉间消失在了上游的视野外。这些都给我留下了深刻的印象。这些景象我永看不厌，因为它们与我内心的某样东西产生了共鸣。

就算每天盯着也看不到树木成长，但只要在成长，树木终究会长大；塞纳河里的船只也是同理。森有正认为"这些景象我永看不厌"，但整日为生计忙碌的人缺乏与缓慢变化的共鸣，就可能不会注意到缓慢移动的东西。变老以外的事物不是没有变化，而是你看不到变化。森有正将这种看不到的变化称为"渐变"。

就算没有新事情发生，你经历过的东西也在渐变。成年人也许不再像小时候那样每天学会新东西，也可能不再有"昨天不会今天会了"的惊人成长速度，但还是会渐变。德语诗人里尔克在一封信中写道：

不勉强挤它的汁液，满怀信心地立在春日的暴风雨中，也不担心后边没有夏天来到。夏天终归是会来的。但它只向着忍耐的人们走来；他们在这里，好像永恒总在他们面前，无忧无虑地寂静而广大。

与树木不同，你对"只有岁数增长"感到焦虑。为什么焦虑？因为你没有"无忧无虑地寂静而广大"。如果你想不焦虑地生活，那就"好像永恒总在他们面前"，不要忧虑未来。

年老无成的幸福

最后，你只是现在看不到变化。你或许认定自己会继续"只有岁数增长"，度过平凡的人生，然而生活中无法避免的变化未必是好的，虽然也不一定是坏的。你的焦虑是因为你觉得现在这样不行，而这可能是由于你的生活方式不符合主流观念。

在我看来，没有热情、不成名成家、没有明确的人生目标都没关系。我不知道你所说的"明确的人生目标"是什么，如果是指结婚、升职等，那这只是成功的目标。

哲学家三木清认为成功是通用的。很多人都想获得成功，比如考入好学校、进入好公司、升职加薪、组建家庭等。求职的大学生看起来都一个样，就是因为想在求职上获得成功，你不能与众不同。

另一方面，幸福与成功不同，是因人而异的。所以想幸福的人没必要和别人一样，而且这种生活方式对追求成功的人来说会难以理解。你就算不把成功当目标，总还是想幸福吧？

三木清在对比了成功和幸福后，认为幸福是人生的上位目标，而成功是实现幸福的手段。不过成功并不必然带来幸福，它们是完全不同的，所以很多人会抱怨尽管获得成功，还是不幸福。

三木清还认为，成功关乎过程，幸福关乎存在。意思就是成功需要完成某些事，但幸福不需要完成任何事，它只是存在。从这个角度看，年老无成的人生也可以很幸福。

至于工作，人不是为了工作而活着，而是为了幸福才工作。所以，如果你讨厌自己的工作或者看不到生活的价值，这就不对了。

可能很多人觉得：虽然我现在忍受工作，但等我攒够了钱就可以这样那样。然而，如果你不把快乐推后，今天就会感受到幸福和生活的价值。如果工作既不让你讨厌也不用忍受，那这就是幸福。

基于以上，即使没有热情，你还是可以找些能让自己忘记时间流逝的事做做。

祝你能找到自己想做的事。

Q10

我想为了某个目标攒钱，但这意味着要削减日常开支，就会过得不开心。

钱是许多人烦恼的根源。为了爱好、学费、未来的需求，我们会减少日常花费，这个过程并不愉快。想去的地方不能去，想吃的东西不能吃，这样一来就算有明确的目标也还是很痛苦。这种时候该怎么办呢？

A10

如果你只关注节省
而无法享受今天，
那存钱就没有意义了。
你要重新审视根本性的目的。

首先，你要思考人为什么要存钱。是不是为了幸福？每个人都想追求幸福，问题在于很多人选错了手段，也就是如何幸福以及为了幸福该做什么。

我们这个时代，任何事都有可能发生，像是忽然生病啊，公司破产失业啊。考虑到这些，哪怕不是为了特定目标，为了不虞之际能有所应对，我们也必须存钱。

然而，如果为了存钱而过度削减日常开销，导致过得不开心，那么即使未来会幸福，这也没有意义。因为幸福只存在于此刻。

回首过去，我们会想起快乐的日子，如果这样的日子延续至今，那就是此刻的幸福；而如果你觉得此刻不幸福，就只能无奈地叹气："那时候真好啊！"可无论幸福还是不幸，过去的就是过去了。

另一方面，未来是不确定的。明天可能会到来，但它未必如我们所愿。

今天不是准备期

既然存钱也未必能保证实现目标，不如先重新审视自己的生活方式吧。

很多人把生活比作旅行，但很少有人真的像旅行一样生活。三木清说："我们在生活中总是主要关注目的和结果，它是行为或实践的本质。"

生活中我们会设定目标，然后思考怎么实现。如果结果不好，就会认为是行动失败或没完成。但旅行不是这样。三木清还说：

> 旅行是过程，是漂泊。旅行不是起点，也不是终点，它永远在路上。只关注抵达而不懂享受旅程的人，不懂旅行的真意。

上班或出差必须到目的地，还要尽可能快。旅行则是享受过程，没必要急。即使因为意外不能到目的地，也不是失败或没完成——你甚至可以中途改变计划。人生的旅程也是一样，就算彷徨，就算没到目的地，只要享受过程就好。

今天不是实现目标的准备期。人生的任何阶段都不是练习，今天就是赛场。所以，为了明天而过度削减生活开支，并不符合人生的本质。

此外，你还要仔细考量你的目标：存钱的目的重要到可以不惜牺牲眼前的生活吗？就算最后没实现目标也能享受过程吗？

并且，这个目标之上还有一个更高的目标，那就是幸福。三木清曾将幸福与成功对比，说："幸福关乎存在，而成功关乎过程。"与必须完成某事才能成功不同，幸福是不需要完成任何事就可以存在的。我不知道你的目标是什么，但即使现在还没实现，你也已经很幸福了。如果你能享受追求目标的过程，那么设定目标和为它存钱都没有问题。

但是如果实现目标前不能享受生活，这就不对了。不要只关注省钱，感受当下的幸福吧。

Q11

我很担心老了怎么办。
我要干到多少岁？
那时候还能找到工作吗？
光是想想我就焦虑。

在日本，"六十岁退休"早已是老皇历，六十五岁退休正在普及，人生的活跃期越来越长。健康长寿、享受人生的确是好事，可也有很多人对国家和自己的未来感到担忧。

A11

想这些也没用。
焦虑是对未来的感受。
一旦成为现实,
焦虑就会消失。
老年的事就等到时候再担忧吧。

人们常说现在是"百岁时代",但有人"一想到要活那么久就害怕"。可就算未来长寿的人真的越来越多,我们还是不知道自己能活多久。在纠结是否要活得久之前,我们要先清楚自己未必能活那么久。

年轻体壮的人不会想到生病,可一旦生病,计划好的事就要搁置,至少要延期。所以,认定自己能无病无灾活到百岁,并以此为前提安排人生,在我看来是可笑的。也因此,就算能活很久,为明天、未来甚至不一定会发生的事发愁、焦虑,都是没意义的。

我常听年轻人谈论自己的未来,但大多数人想的只是毕业、结婚、生育、买房。父母尚健、不与祖父母同住的他们恐怕很难想象晚年生活,但其中的很多人却都认定晚年很难。其实无论年龄多大,人生的每个阶段都难,并不是老了以后才特别难。

况且就算现在为晚年担心,真到那个时候,该来的还是会来,不该来的也不会来。所以现在为了将来焦虑也没用，一切都到时候再说好了。

况且，生活虽然艰难，但也蕴含着喜悦。比如没人想生病，也没人会对病人说："很高兴你病了。"但有些道理确实是生了病才会明白。免疫学家多田富雄曾因脑梗病倒，虽然他被救回一命，可也失去了声音，右侧身体半身不遂。经过艰苦的康复训练后，多田写道："由于疾病的阻力，做成一件事时的喜悦变得无可比拟。"

没有"疾病的阻力"当然最好，可生了病以后，这种阻力带来的某种成就感也可以改变康复后的人生：连动动身体都不再理所当然而是堪称奇迹，那么再小的事都会让人喜悦。

生命中的苦难就像鸟儿飞翔所需的空气阻力。鸟儿不能在真空中飞，恰恰是风的阻力让它得以翱翔。虽然有时我们会看到鸟儿被强风吹得倒退，但即使如此它也不会放弃飞翔，这就是生命。

现在退休金的领取年龄推迟，金额也变少了，所以肯定要考虑老后怎么维持生计，也会担心不工作就没饭吃。所以不管你怎么想，就算不愿意也得工作。如果明白了这点，老了有活干反而是值得高兴的。

当然，事实上能不能工作也很难说。你可能会找不到工作，也可能会因为疾病和衰老找不到心仪的工作，再或者想干却干不动。但是，即使可能面临无法工作的困境，这些也都只能到时候再操心。

现在可以做什么

你似乎不是担心自己想干却干不动，只是为不仅年轻时要工作，老了还得继续工作而焦虑。我不知道你到时候会怎样，但现在你可以先做好准备，那就是丢掉"不得不工作"的想法。<u>把工作当任务，你只会无聊；可如果做喜欢的事，能干到老就很棒</u>。如果你是企业职员，你会退休，就算退休后返聘，如果是做年轻时就喜欢的工作，你也不会有不得不干的感觉。

那么，如果是想干却干不动怎么办？法国雕塑家罗丹打招呼时总会在"你好"后接着问:"工作还顺利吗?"罗丹之所以这么问,固然是因为他创作起来几乎不休息,但我们也可以拓展一下"工作"的含义:读书、写信、散步、发呆、睡觉……无论你做什么或不做什么,活着本身就是工作。

人的价值并不在于通常意义上的工作。现在是重视生产力的时代,所以有人觉得老弱病残无法工作就没有价值——这种人肯定没想过自己有一天也可能出于某些原因失去劳动能力。但其实就算不能工作,人的价值也不会消失。

如果我们将工作的含义扩展,即使别人看来你什么都没干,只要你自己觉得在工作,或者相信活着本身就有价值,那么所有人都可以在这个世界上一起生活,也就不用为晚年而焦虑了。

Q12

周一或长假后第一天总是异常痛苦，有没有什么办法能稍微好过一点？

愉快的周末已经结束，从周日傍晚到周一早晨，痛苦开始逐渐加剧——肯定每个人都有过这种经历，也就是所谓的"痛苦星期一"。从周末或长假回归工作的痛苦是不可避免的，但有没有什么办法能稍微缓解这种痛苦呢？

A12

真这么不想上班，
就干脆休息一天吧。

周一或长假后第一天感到痛苦很正常，很少有人会兴高采烈地走向公司，说："终于休完啦，今天又可以上班啦！"所以问怎么能稍微好过一点是对的。

但是另一方面，你也要知道这种痛苦的情绪是你自己制造的。并不是所有的情绪都有因有果，即使周一或长假后第一天上班会让很多人痛苦，却也不是每个人都如此。

此外，虽然周一痛苦，但痛苦的可不止周一。某位美国作家的短篇小说集里就曾引用《狂暴周一》的歌词说：They call it stormy Monday, but Tuesday is just as bad. 村上春树把它翻译为："虽然世人都说周一最糟，可周二也不遑多让。"

讨厌周一的人当然能讲出五花八门的理由，可周一并不是消沉的原因，符合逻辑的做法是追问让人消沉的原因到底是什么。

另外,关于"制造情绪",我用梦做例子来解释一下。

有时早上醒来前我们会做噩梦,阿德勒认为这样的梦是有目的的。人为什么做梦?原因之一就是在梦中模拟现实生活。

比方说,一个平时不太表达情感的人可能会在梦中大喊大叫或大发雷霆,毕竟现实中这么做风险很大,梦中则干什么都行。如果发火后感觉不好,他就不会在现实中这么做;如果感觉不错,他就会考虑在现实中试试。另外,如果有特定的对象,梦中发火还能让人感觉出了气。

再比如备考的人可能会梦见考试。如果是梦到考试通过(尤其是考试当天梦到),考生就会情绪高昂地走进考场,甚至信心大增、超常发挥。当然,毕竟这只是情绪,所以就算梦到考试通过,不好好学还是考不过的。

那梦到考试没通过的人呢?预先体验失败自然会让人情绪低落,他们可能会因此考试失利,但也可能恰恰因为体验了最糟,反而背水一战通过了考试。况且没考过的人还可以安慰自己：要是没做这个梦，我肯定就考过了。

无论哪种情况，我们都看到了做梦的另一个缘由：制造情绪。大多数情况下梦里的情节都不重要，只要梦醒时制造了情绪就行。

活得简单

按理说，你应该因为痛苦而不去上班，可你没这么做，而是带着痛苦去上班了。

为什么要去上班呢？也许你是想觉得"坚持上班的我可真棒"？不管理由是什么，这都很没必要。活得简单点儿吧！不想上班就别去啦！当然，请假的话领导会不高兴，需要亲手干的活儿也会受影响。可这就是不上班的代价，既然休假了就得承受。

另外，你还要思考：我究竟为什么要工作？或许大多数人对此没有疑问，毕竟不工作就没法生活。可即使如此，既然一天中的绝大多数时间都在职场，如果这段时间很煎熬,那活着本身就很痛苦。所以我对这个问题的回答是:人不是为了工作而活着,却是为了幸福而工作。

事实上,单纯为了糊口而工作的人是很少的。哪怕是人生乐趣仅限于假期出门玩玩的人,也会认同"人不是只为了工作而活着"。

再有就是,通勤路上你就不要想工作了。既然忘掉工作的假期很快乐,那么通勤路上也不要想,这样到了公司,工作也不会那么讨厌了。

前面讲过《狂暴周一》的歌词,说周一或许是stormy。暴雨将来,但未必会最糟。让我们激动地迎接暴雨吧!或者冲进暴雨又如何呢?有没有感觉轻松一点?

Q13

最近我开始害怕变老。

"你还年轻没关系。""你还有很多可能性。"曾经,周围人也这么对我说,可不知不觉间,我就到了不再能听到这种话的岁数。想听您谈谈变老这件事。

A13

拥抱无法适应人生的自己吧！
何况失去青春也有快乐。

人活着就会变老,但不是每个人都怕变老。诗人茨木则子曾经十分关注自己的年龄:"啊,我现在二十岁。"但是她的青春无人在意,因为每个人都在饿死的边缘挣扎,只能顾自己。十年后,茨木写了一首诗,题为《在我曾经最美的时候》,茨木说这首诗的写作动机"或许是当时留下的遗憾"。

在我曾经最美的时候

没有人送我温暖的礼物

男人们只知道举手敬礼

他们出发,只留下漂亮的眼眸

这首诗的最后一段是:

所以我决定,尽可能活得久些

老后画出非常美丽的画作

就像法国的鲁奥老爷子一样

茨木还在《二十岁战败》中讲到了战争期间学校动员学生去制药工厂的事：

> "记着，现在是非常时期，你跟我死在哪里都很正常。"父亲送别的话语陪伴我站在家乡的月台上，而我将乘夜行列车离开。那时的满天星辉，尤其是天蝎座闪闪发光，十分美丽。当时我唯一的兴趣就是看星星，这是当时仅存的美好，所以我独独没有忘记在背包里放一张星座表。

我们不知道那晚她看到的夜空是怎样的，但她写过一首赞美"天蝎座愤怒的红色首星——心宿二"的诗，诗人向夏夜空中闪耀的星星呼唤：

美丽的人们啊
我不需要地上的宝石

是因为

我已经看到了你们

一定是这样

她看到了天上的美,想必也是因为随着年龄增长,她的关注点已经离开了变动的、需要被认可的美。

过去的经历很宝贵

<u>如果能一直保持年轻人的特质,你就不会害怕变老。</u>三木清在谈到梦想家时曾说:

> 世俗的聪明人经常貌似亲切地对我说:"你是个梦想家,你的理想终会在绝望中破灭,还是现实一点吧。"我又年轻又没经验,但我的心这样回答:"我一无所知,但我纯洁的心会一直向往理想。"

梦想家会提出理想并认真地生活。正如旅行者依靠北极星一样，只要望着这颗引路星，他们就不会迷路。柳美里在《JR上野站公园口》中写过这样一段："我可以适应任何工作，但我不能适应人生，不管是人生的苦难、悲伤……还是喜悦……"无法适应人生的人才能永远年轻。

另外，有些东西是岁数大了才能体会到的。生活是艰难的，岁数越大这种感触就会越深。可即使如此，很多事都是要年长后才能经历的。经历过长崎原子弹爆炸的林京子说：

> 我的朋友们十四五岁就去世了，他们没体验过青春的美好，也没被强壮而温柔的手臂拥抱过就离开了。我多想让他们体验恋爱的欢乐和心头的苦闷。

雅典政治家梭伦也说：

> 人之一生，必当见许多不想见之物，必

当遇许多不想遇之事。

我们当然不想遇到这样的事,但幸运的是,当我们活得够长,回看自己的人生,过去的经历都是宝贵的。精神科医生神谷美惠子在写《关于生活的意义》时,曾在日记中写道:

> 过去的经验和知识被激活并整合统一,这太让人激动了。我每天都在想这些事,一思考就会感到深深的喜悦。

这段话准确地描述了年龄增长意味着什么。能将过往的人生经历"激活并整合统一",这多么棒啊!

Q14

遇到不想干的活儿怎么办？

不管是谁，就算进入梦寐以求的行业，也进了理想的公司，去了心仪的部门，多多少少还是会遇到不想干的活儿。面对让人郁闷的任务，有没有能折中应对的办法？

A14

首先
要冷静地分析
你觉得不想干的活儿。

只要工作就会遇到不太喜欢的任务,而残酷的现实是不工作就没法生存。话虽这么说,可要是怀着"不想干,可不干就没饭吃"的想法度过一天的大半时间,这也太痛苦了。所以哪怕是为了生活,或者说恰恰是为了生活,我们要改变一下对不想干的活儿的看法。

首先,如果知道进公司后的岗位是你不喜欢的,你一开始就不要入职。但是,就算入职时你的确想做,你的期望也可能会落空。

假设你想当编辑,于是入职了出版社,结果被安排做销售。如果入职时你不知道这点,你就要去问领导为什么会这样。不能因为领导说"你不能指望做自己喜欢的工作",或者"当年我进公司的时候也没干我想干的岗位",你就接受了吧?

当年我进医院工作时,领导说除了心理咨询外我还要负责接待。虽然我发现了接待工作的意义,但完成接待后再负责心理咨询，体力就会跟不上。

还有一种情况是虽然你一开始想干，但一上手发现比想象中麻烦，于是不想干了。毕竟要学很多东西，没办法马上脱颖而出，获得领导的认可。

"有志者，事竟成"这种精神格言毫无意义。当你有不想干的想法时，还是要考虑怎么能缓和这种想法，有哪些能做的事。

减轻负担的方法

首先，无论你是否适合一份工作或是否有才华，<u>任何工作都不是刚开了个头就能发现自己喜不喜欢的，所以先不要想太多，坚持一段时间再说，有时候你会在不经意间发现工作开始有意思了。</u>

其次，<u>你要清楚不想干不代表你不想干"这个活儿里的一切"</u>。即使不能立即发挥创造力，拥有独创性，但只要明白这个活儿是有其必要性的，你就不会讨厌它的一切。工作里，烦琐的任务最让人讨厌，所以你要努力少在这上面花力气。

我做学生时，论文只能抄写在稿纸上。现在只需要敲击键盘就能很快把稿子打完，可从前一个小时只能抄两三张，连抄几天大功告成后，手会酸得连笔都握不住。当然，誊抄是写论文的最后阶段，那之前也要花费大量时间，问题是论文提交有截止日期，所以很可能最后会没时间抄。

我有一位朋友就是临近截止日期才写完，于是请了几个朋友帮着抄。因为我是凡事自己来的，所以我很吃惊竟然还能请人代劳。

再来说我自己，从零开始写稿子很费力气，但我并不讨厌。我写得差不多后就会打印出来，用红笔修改，然后再输入电脑，而这是我不想干的。所以我会边打印边改，或者干脆不打印直接在电脑上改，这样我就可以专注于我最想做的部分，减少在其他事上花费的时间和精力。

另外，我还会做工作记录。因为我的工作很多要跨越几个月甚至几年，所以我甚至会记下每天能写多少字，或者校对时每天能看多少页校样。这不是为了干很多活儿，而是为了安排节奏。如果知道自己一天可以写多少字或一小时可以看多少校样，我就可以判断什么时候该结束一天的工作。

如前所述，我其实不讨厌写稿子，但校样就不是很乐意看，所以我想尽可能把时间留给我想做的事。

很多人觉得打字慢，但哪个手指敲哪个键是固定的，只要练习就行。不会打字的人一开始可能会慢，想放弃，可一旦能盲打，工作就会变得轻松。而且现在还可以语音输入，尽管还不够完善，需要事后手动修改，但毕竟可以实时记录自己的想法。

还有，你也可以把工作本身变成你想做的。有一次，我跟一位出租车司机聊天，我说："虽然你正在载客，但要我说，这段时间里你其实没在工作，因为载着客时你只要安全地开到目的地就行了。

"那么什么时候是在'工作'呢？那就是从放下一位乘客到找到下一位乘客之间。这段时间里你不能漫无目的地开，你会收集数据，分析哪里、何时可以接到乘客。这样思考十年之后，下一个十年就会不同。光抱怨'今天客人太少，运气真差'是干不了这份工作的。"

当时那位司机正在副驾上的笔记本电脑里输入乘客信息，现在则只需智能手机或平板电脑就行了。那些认为"乘客少是因为不走运"的人不会思考怎样增加乘客，也不会改进，最终就可能会开空车而讨厌工作。但是如果能跟这位司机一样下点功夫，那么"必要却不喜欢的工作"就可以变成"喜欢的工作"。

此外，当喜欢和不喜欢的工作同时存在时，先做哪个也很重要。<u>我会把不喜欢的工作往后推，否则轮到喜欢的工作时我可能会筋疲力尽；而如果反过来把快乐留在后面，那么不喜欢的工作也会想办法搞完。</u>不过有时候这个原则也会对我不适用，因为我上午要思考，如果用来回邮件或做其他事就浪费了。

虽然是为了生活，但你还是可以享受工作。比如前面说的语音输入，与其花时间研究它，还不如写点东西，对吧？可是如果试着做点他人看来无用、不合常理的事，你就可以享受生活的乐趣，而不只是活在工作的牢笼中。

Q15

我整天忙着工作和社交，心力交瘁。

好不容易处理完一个接一个的任务，一抬头已经是晚上，接着匆忙赶到酒馆，为了建立人脉跟客户搞关系——我似乎总在奔走，甚至没时间喘一口气，更没时间思考。生活真的就该这样吗？

A15

"太忙没时间"都是借口，
你只是借此逃避重要的决定。

因太忙而心力交瘁的解决办法只有一个，那就是减少工作和社交。

社交方面不太难，总归有办法的。比如酒局饭局，你可以拒绝邀请；比如红白喜事，想不去也可以不去。就算是年轻人受邀参加朋友的婚礼，只要态度坚决就可以不参加。已故艺术家筱田桃红一百零三岁时说：

> 一百岁是治外法权……过了一百岁，就算不参加红白喜事，也没人会说什么。聚会之类的也是，周围人都觉得够呛，所以也不会事先让我说定。想去就去很轻松，而且去的话对方会非常高兴。

年轻人可能没法这样，但还是可以按自己的想法决定是否参加。

虽然在我看来硬着头皮参加聚会很没意思，但确实有人会因为被拒绝而生气，所以不管是酒局饭局还是红白喜事，拒绝就要做好被说不合群的准备。所以想变得不忙，还要有把自己的想法贯彻到底的决心。

拒绝邀请会被说，但也会得闲；接受邀请不会被说，可也会变忙。不幸的是，你没有第三种选项。

真正的问题是，很多心力交瘁的人其实不想摆脱这种情况。他们什么时候都会说："我很忙，我没空。"而我会说："你不是没空，是不想有空。"

他们不是因为忙而没空，却是为了没空而忙。出于某种目的，他们希望自己心力交瘁，也需要一个理由让自己相信自己很忙，这个理由就是工作和社交。

这就是阿德勒所说的"自卑情结"，指的是"因为A所以不能B"的逻辑，在生活中常被使用。

对你来说，A是心力交瘁，原因则被归为工作和社交。那么B是什么呢？深入挖掘你会发现你自己也不知道。因为你不知道，所以我会问你："如果不忙了，你想做什么？"或者这样问："有没有什么是你忙了之后就没法做了的？"

类似的问题也常见于自诉神经症的人。患者会说："因为得了神经症，我做不了想做的事。"然而真实情况恰恰相反，患者并不真想做"想做的事"，只是为了合理化自己的真实想法，搬出了神经症。

神经症患者会说自己希望症状消失，但症状没法消失。为什么呢？因为它们是出于需要而产生的。如果用某种方法消除了这个症状，患者很可能会弄出一个更麻烦的症状。阿德勒说：

> 神经症患者会以惊人的速度消除一种症状，并且毫不犹豫地产生另一种症状。

为什么会这样呢？假设患者的回答是："如果症状消失我想回去工作。"那我就知道他不想回去工作，所以症状消失后他需要一个新的不用工作的理由。

患者可以做的事有两个：一是不想工作就说"我不想工作"，二是让自己可以去工作。

如果患者对自己的工作能力没信心，可以去学习必要的技能。即使现在能力不够，我们也只能接受现实并从此刻开始。如果患者是害怕职场人际关系，我想说的是："工作与职场人际关系并没有直接联系。"

活出自己的人生

对你而言，心力交瘁是自卑情结逻辑中的 A，你得找出 B 是什么。

显然，如果真减少了工作量和社交活动，反而会引发新的问题。哪怕有其他必须做的事或者有人指出这点，你也还是不愿意做。你必须让自己忙于工作和社交，让自己心力交瘁。

比方说你的 B 可能是父母说："你也差不多该结婚了吧？"可这是你自己的事，跟爸妈无关，没必要为了堵爸妈的口说自己忙，更没必要真这样。虽然父母关心甚至"干涉"孩子的生活是人之常情，但你并不是必须满足父母的期待。

如果心力交瘁是你用来逃避自己该做的事的借口，那么用这种理由来推迟人生的决定是不对的。做任何事都需要勇气，尽管不可能一开始就很出色，但你只能做你能做的。

就像事后才说"当初换工作多好"太迟了，用忙来逃避重要决定的人只是在放弃人生。

Q16

如何能在
五十岁以后更快乐？

随着人类寿命的延长，可以说老了以后才是关键，所以我想避免过度挥霍青春，到了五十岁才发现自己没钱没家庭也没事业。我该怎样从现在开始做准备？

A16

与他人比较没有意义。
不要以成功为目标，
做自己喜欢的事吧。

人不会像年轻人想象的那样年纪大了就突然大变，可也不会和年轻时一模一样。就算自己没感觉，还是会没法再像以前那么拼，如果不注意这点而太拼，还可能会病倒。

我五十岁时曾经历过心梗，虽然之前就感到不太舒服，但我认为只是有点累，就没去医院，结果就吃了大苦头。幸好我捡回一条命，但还是住了一个月的院。后来在一次复诊中，我跟主治医生聊到了出院后的生活：

"出院后我该怎么生活？"

"累了就休息。虽然不可能恢复到从前，但一般的事你都能做，只要不是半夜被电话叫出去之类的。"

"有什么不能做的吗？"

"必须掐着时间干的活儿就别干了，包括像高中生那样熬几个大夜然后产生内啡肽获得成就感这种。"

"那演讲和讲座呢？"

"这些算案头工作吧？"

"那通勤和出差呢？"

"坐火车会对心脏有负担，但不是不能坐。你必须控制工作，但不是靠逻辑决定，干哪个不干哪个只能你自己决定。写书是好事。书比人长命，也会让你有成就感。心理压力过大可能导致冠状动脉再次堵塞，但这谁也没法预测。比如说你有个工作快到截止日期，突然亲戚过世，或者自己感冒了……"

又是"书比人长命"，又是"心理压力过大可能导致冠状动脉再次堵塞"，主治医生越说越吓人，但知道出院后很多事都能做，也确实让我安心。

现在我们能做什么

考虑到生活和养老，想不工作或控制工作量并不容易。或许你没有经济问题，但也想一直工作。你可能享受工作，不觉时间流逝，甚至废寝忘食。工作占用了一天的大部分时间，所以这当然比忍耐痛苦工作要好得多。可即使有成就感，还是会有损健康。年轻时可以不担心，但到了五十岁，即使身体尚健，你也必须要有这个意识。

另一方面，即使有经济问题，你也没必要拿健康换钱。即使不能减少工作量，你也可以通过改变工作态度愉快地生活。不工作确实没法生活，但人不是为了工作而生活，而是为了生活而工作，且必须是愉快的生活。因此就算收入很高，如果工作痛苦，这就是本末倒置。只要明确工作的目的，你就会只做必要的，至少尽量少干不想干的，也会改变工作方法。

阿德勒说，人要处理的课题包括工作、社交和爱情。如果你把所有精力都投入工作，留给其他课题的时间和精力就会很少。但这不是因为你"在工作中投入太多时间精力，所以不能处理其他课题"，而是你"为了不处理其他课题，把所有精力都投入工作"。所以你要减少工作在生活中的比重。毕竟，如果你只在有成就感时才感受到自我价值，当你年华不再，就会失去价值感。

最后，想要享受生活还得能放下过去。有些人永远无法忘记年轻时的成功，这样的人总在拿当前的生活与高光时刻比较。可就算你想再次成功，机会也未必会造访两次。我们必须清楚，人不成功也可以幸福地生活。

还有，你要远离竞争，工作和社交不是拿来攀比的。比如年轻时因为别人都结婚而焦虑的人，只要不在意就可以幸福生活。而反过来，哪怕你活得跟别人一样，如果不合你的心意，那也没有意义。

不与人无谓地竞争，不问成败，只做喜欢的工作，这就是你现在能做的。

第三部分

克服人际关系的压力

人間関係
のストレスを乗り越える

Q17

如何与自己讨厌的人相处而不感到压力？

有一种烦恼是：怎么努力都不喜欢对方，而且还不能随便绝交。这种时候该采取什么策略呢？

A17

对方的性格不会改变,
我们也不用在意对方。
只要保持心理距离,
对方就会变得不重要。

只要把讨厌的人变成喜欢的,你就能无压力地与之相处了;可如果什么都不做,讨厌的人不可能变成喜欢的,你也会一直有压力。所以你得做点什么。我们来看看该怎么做。

原则上人不能改变别人,你能改变的只有自己。你可能会说:明明是对方的问题,却要我改,这太不公平了。准确地说,要改的不是对方,也不是你,而是你们之间的关系。为了改变关系,你只能从你能做的事着手。

你可以先保持距离。讨厌这种感受不会在一次性的关系中产生。比如你在购物或用餐时因为店员的态度感到不快,你只会生气,但不会讨厌。

然而,即使对方总是干蠢事或影响你的心情,你也没必要讨厌对方。讨厌意味着亲密。比如你跟喜欢的人告白,如果对方说"我讨厌你",其实还有希望,因为人不会讨厌自己不关心的人。而如果对方说"我对你没什么想法",这才是毫无希望。所以,如果你们只是需要共处一阵子,你没必要跟对方亲密到感到讨厌。

不过,如果你是跟"讨厌的"父母相处,这就非常糟。因为即使讨厌,你也离不开。可哪怕亲子关系也不是必须相亲相爱,略微保持距离也是可以的。

没必要在意

你还要把话说清楚。如果办公室里有个总是一脸不爽或脾气差的人,周围人就会在意。那个人或许没发现自己在博关注,在用这种方式巩固办公室地位。既然如此,我们就要把他这番行为的目的告诉他。

不过你们的关系不好,他可能会反驳,也不会愿意改正,毕竟,要承认自己只是想被关注并不容易。可即使他因你的指责而受伤,这也是他的问题,不是你要考虑的。

我看过一个电视剧,里面有一个场景是老板问员工：“你为什么要在意别人？"他不是大声训斥而是语气坚定地质问，所以下属也似乎突然明白了自己行为的目的。

在工作和朋友关系中，有些人总是反驳一切批评一切，他们显得优越，而这种优越和自卑是一体两面。如果真有信心，他们就不会批评而是有逻辑地提出想法。但他们做不到，所以才试图惹人厌或惹麻烦来抢话语权。这种情况可能他本人也没意识到。

对别人唯唯诺诺、照单全收自然不对，可如果不提出建设性意见，只是故意惹人厌，那就只是在变相求认可，一言一行都是源于自卑。因为这种人连惹人厌都不怕，所以恐怕也听不进不同意见。所以我们只能把注意力限制于谈话内容，并在必要时反驳。

无论是总一脸不爽的人还是批评一切的人，终究都是想博关注，所以接触时不会带来好感，只会造成压力。如果与其来往让你感到压力，那正是他们所期待的，所以你没必要在他们身上浪费精神。

Q18

**我想进入新圈子
多认识一些人，
可是交朋友又很麻烦。**

与好友共度时光很愉快，最重要的是很轻松。可当你想拓展自己的世界，或者学校、工作、住所发生变化，进入新的环境，你就得结交新的朋友。可是从零开始建立关系要付出很多努力，很麻烦。

A18

朋友不是多认识
或交出来的,
靠别人治愈孤独,
就是在依赖他人。

我有个朋友说他看过某个杀人犯的房间照片，感到非常震惊，因为那个房间和他自己的一样：永远不收拾的床褥，山一样高高的书堆，如果发生地震肯定会倒下来压死人。朋友想，如果自己继续在那个房间里与世隔绝，恐怕也会步上杀人犯的后尘，所以他决定找个圈子加入。

离群索居与动手杀人之间自然没有任何因果关系，我只是在想你为什么想多认识人，并且你认为扩大圈子对自己有利这点也与我的朋友相同。

当然，你们也有不同的地方。你是想进新圈子，所以你不是第一次进交际圈，也不是谁都不认识。

但你的问题在于，你似乎分不清熟人和朋友。你说想多认识人是对的，毕竟只要进入社交圈就会认识人；但是朋友没法硬交。况且按我的理解，就算进了圈子有了朋友，这也与交朋友无关。圈子里认识的人可能之后会成为你的朋友，但这是自然形成的。如果你怀着目的进圈子，这就属于动机不纯。

当然，成为朋友也有动因，但这个动因没有理由，你只是被一个人吸引了。硬要问的话，你也只能随便说或者事后归因。有目的地交朋友不是友情，就像恋爱一样：如果你的男友或女友是你"找"出来的，这份爱情也不纯粹。

我还注意到，你说的是"交朋友很麻烦"。如果分不清熟人和朋友，你本可以说增加人脉；但如果你其实分得清，那么就像前面说的，朋友是无法"交"出来的。

觉得建立友谊麻烦的人，即使人脉很广，也是没朋友的。在他们看来，只要与人亲近，人脉就会增加；同理，朋友也会增加。可是人与人认识需要机缘，培养友谊更是需要努力。

人与人的关系大致可以分为两种：一种是支配，另一种是依赖。在你的情况里，如果你是想进圈子后多认识人，那就是出于某种目的想利用、支配别人；如果是没法独自生活，想靠他人慰藉孤独，那就是在依赖别人；如果是不属于某个圈子就觉得自己受排挤，那也是属于后者。

另外，如果你想要更多朋友（虽然你想说的大概是人脉）却觉得麻烦，那就没人会理你，因为你只考虑自己想获得什么，却什么都不想付出。

前述的两种人都是无法独立的。支配别人的人是想借此彰显自己，因为他们只能通过"我人脉很广"来确认自己的优秀，虽然"支配"这个词未必准确。总之，为了彰显自己而利用他人，从"没有他者就无法确认自我价值"这点上看，也是在依赖别人。

真正独立的人完全不会觉得独处痛苦，也不会认为自己必须与别人往来。

重要的是"关联的方式"

高中时的我没有朋友。班上有好几个小团体，但我哪个都没参加，也可以说我跟每个团体都保持着适当的距离，可我不是为了显清高。我的日常就是：上学，有人搭话就说话，然后回家。毕竟每天有七节课，我家离学校又远，所以一放学我就得赶紧回家，然后做作业和预习第二天的功课到深夜，这些就够我费尽全力了，所以我没想过放学后找谁出去玩。

我母亲担心我没有朋友，就找了我的班主任老师。老师大概告诉母亲我不需要朋友，母亲听他这么说也就放心了。后来我从母亲口中听到这话也很认同，并且知道自己跟那些去哪儿都要朋友陪的人不同，我还挺自豪的。

我在书里写过这件事，结果有人读了之后说：虽说你不需要朋友，但如果真的不交朋友，这就与阿德勒说的"共同体感觉"相违背了。按这个人的理解，似乎一大群人友好相处就是共同体感觉了。这倒也不全错，只是阿德勒说的共同体感觉指的是"人与人相关联"，重要的是明白关联的方式。就像前面说的，如果只知道靠依赖的方式与他人关联，那就没办法保持适当的距离。

就算现实中没什么人脉也没关系，只要你想与某个人成为朋友，并且不抱着交朋友这种想法，你就会遇到真正的朋友。

Q19

怎么才能心胸豁达呢？
我总是想对人发火。

即使我想对每个人都宽容，但生活中父母、孩子、伴侣、同事和朋友还是会在各种情况下让我心烦。怎么能远离这种不快的情绪，心平气和地生活呢？

A19

发火也不能改变别人。
如果你感到烦躁，
那就跟问题保持距离。

他人不是为了满足我们的期望而活,所以不能要求别人"别惹我发火"。发火的人是在表达愤怒,是试图用愤怒改变别人。如果对方没按自己的想法改变,还会更觉火大。

可是我们真能改变别人吗?就算对方改了,真的是因为我们的愤怒吗?如果不改变自己,我们能心胸宽广地与人相处吗?要考虑的问题很多很多。虽然上面说"发火的人是在表达愤怒",但这与突发性的、剑拔弩张要压倒对方的愤怒还不一样。三木清在讨论愤怒时曾说:

> 所有愤怒都是突发性的,这显示了愤怒的纯粹性或者说单纯性……愤怒的突发性表现了它的精神性。

一个人就算发了火,如果事后不耿耿于怀,而是迅速转换心情，那他的愤怒确实是纯粹、单纯、精神性的。然而想到严厉斥责小孩后送上拥抱的父母和用胡萝卜加皮鞭控制属下的领导，所谓的突发性愤怒的纯粹性、精神性，在我听来便是在给乱发脾气正名。

而且与三木清的说法不同，我认为并非所有的愤怒都是突发性的。烦躁者的愤怒就不是突发性的，而是习惯性、持续性的。当然，有时是某个特定行为突然让你心烦，有时则是某个人的言行总是惹你发火。

<u>愤怒的人认为愤怒可以阻止他人的行为，但其实这不可能</u>；哪怕对方真的停止，那也只是出于害怕而不是出于认同，所以多半还会再做。如果愤怒只会让事情再发生，那么愤怒就算一时有效，也算不上真的有效。为什么会这样？

阿德勒说愤怒是一种 disjunctive feeling，意思是"让人与人分离的情感"。发火的人和被发火的人之间会有心理距离，因此就算你说得对——毋宁说你说得越有理，对方越反感、越不能接受。想用愤怒改变对方是不可能的，可生气的人还是想让人改变，所以即

使发现训斥毫无效果，还是舍不得摒弃"训得再厉害点可能对方就会改了"的念头。

怎么才能不心烦

虽然发了火对方也不改，不是因为你发火的程度不够，而是发火本身并不能让人改变，可人们并不是这么思考问题的。说到底，发火的人根本不考虑他人会不会改变。三木清说：

> 没什么比怒火更能扰乱准确的判断。

你要能准确地判断，通过发火你想做什么、能做什么以及不能做什么。换言之，你要明白发火不可能改变别人，就算你严厉斥责后对方改了，这也不是因为你，而是人家自己决定改变。

同样地，烦躁的人如果知道不可能改变别人，也就不会把火发出来。

既然改变不了别人,那该怎么办呢?首先,如果看到让你不爽的言行但其实没影响到你,那你就不要看。比如孩子不做作业老打游戏,家长看到会心烦,但其实不学习的后果是孩子自己承担。换言之,就算成绩下降,这也只是孩子的事。所以孩子不做作业,父母可以什么都不说。不只是在亲子关系方面,只要没给你造成实际影响,让你心烦的事最好都远离。

其次,如果他人的行为多少影响了你,那就明确地告诉对方你想让他改一改。前面说烦躁的人知道没法改变别人,但你既然做出想发火的样子,就还是期待别人改变。烦躁的人和总板着脸的人都是想引起别人注意,但是不说出来,别人就不会知道你期待别人怎么做。当然,你说了别人也未必听,可还是说出来更有利于维护关系。

即使是这样,你也不要试图改变对方,而是让对方理解你的想法,然后欣然接受,决心改变。

Q20

我受不了领导对我挑三拣四、大吼大叫。

我领导要么骂我:"干活太慢!"要么质问我:"到底搞什么?"到最后甚至当众说我:"真是没用!"要是没这种领导,工作不知道多轻松。该怎么对付这种以教育为名乱骂人的领导?

A20

乱发火的领导只是无能，
而且可怕的领导
是你不知不觉间
创造出来的。

没人能忍受一个总是挑剔和大吼大叫的领导，但我们也要想想"为什么领导会是这个态度"以及"为什么跟这样的领导相处会受不了"。这里的"为什么"指的是目的。

首先我们来想想领导。可怕的领导有两种，一种认为训下属是**必需**的。很多人认同体罚和控制不好，但要是为了教育下属，就觉得很有必要。

人们常说："训斥和生气不同，训斥时不能感情用事。"但其实人没法这么灵活，训人时我们肯定会感到愤怒。认可训斥教育的领导会说："我不会无缘无故训人，一切都有原因。"比如下属总犯错，业绩不提高，为了让他们走上正路等。

员工刚进公司或换新部门时，必要的知识和经验都不够，所以领导确实有义务传授知识，但这不意味着训人。毕竟就算训了下属，业绩也不会提高。阿德勒说："只有当你觉得自己有价值时，你才会有勇气。"被训的人会觉得"我干不了",或者"我没用"。虽然犯了错被人说说无可厚非,可要是被说:"你怎么干什么都不行啊?"员工就会觉得自己没用。

阿德勒说的"勇气"指的是投入工作的勇气。工作就会有结果,就需要勇气面对结果,达不到领导的要求,甚至自己都不满意,这都很正常。可你如果因此胆怯,就会想"不干就不用面对结果",至少你不会尽全力去干,因为你会觉得:哪怕被领导骂,我还是保留了"使出全力就会成功"的可能。

然而,只有完成困难的工作,人才会获得成就感。领导要做的是,即使下属最初的成果不达预期,也主动帮他们投入工作。因此训斥下属、让他们觉得自己没用、从他们身上夺走工作的勇气,其实是南辕北辙。

如果领导能对下属进行合理的指导和教育,他们会越来越少犯错,最终能发挥实力甚至能超越领导。如果没能这样,领导的教育方法就有问题。弄清了这点,领导就不会训斥下属了。

大吼大叫的领导只是无能

另一种领导是工作能力低,怕被下属看穿。他们不只会在下属犯错时训斥,甚至在与工作没有直接关系的事上也这样。他们会把下属叫到副战场大发雷霆(副战场是相对于工作这个主战场而言的)。

阿德勒把副战场上的斥责称为"价值贬低倾向",即通过贬低下属来相对抬高自己。想受到下属尊敬,唯一的办法是能力配位,可无能的领导只能通过训斥下属来占据优势。总之,莫名其妙指责下属的领导只是自卑,完全没有怕他们的必要。

反过来,有些下属也有被领导斥责的目的,可怕的领导是他们自己造出来的。我这么说可能一下子不好理解,但下属明明受不了可怕的上司却什么都不做,那就一定有目的。

我们看看这个目的是什么。一个是:虽然下属不想在工作上被领导否认,但还是希望能以犯错被骂的形式获得认可。这是一种非常扭曲的被认可欲。在这种情况下,领导训得越多,下属错得越多。

另一个目的是明哲保身和逃避责任。下属知道领导犯了错，但选择不说。为什么不说？目的是什么？因为这样一来，日后他们就可以说："我知道领导当时说得不对。"这些人不想被当成出头鸟，所以就认定领导很可怕，这样就可以保持沉默了。

　　这种马后炮老实说很不公平。如果你认为一件事不对，你就该当场说明。的确有的领导不喜欢这样，但有能力的领导会感激下属的提醒。因为这样的领导不关心别人怎么看自己，而是把工作放在第一位。

　　或许领导并不可怕，只是下属出于类似的原因陷入了这种想象，所以说可怕的领导是你创造出来的。

　　在我看来，你无法忍受挑三拣四和大吼大叫的领导是个好趋势，因为无法忍受意味着要想办法。人只有积极工作才会有成就感，感到生活有价值。虽说工作不是为了领导，但谁也不想与可怕的领导共事。如果你总怕被骂多事，你就没法积极工作。

　　那么，如何在这种领导手下找到生活的意义？不管领导什么态度什么脸色，训得对就接受，训得不对就纠正。只要你的判断对客户或工作有好处，即使坚持己见会惹领导不高兴，你也还是会有成就感，感到生活有意义。而且这样一来，你也不会再关心领导怎么看你。

Q21

**我有一个同事
什么活儿都不干，
却总对别人的事指指点点，
就爱发表意见，自我表现。
这种同事太讨厌了。**

虽然什么都没干，四处张扬却少不了他；明明没问他意见，非要来说一通给别人找活儿。希望您帮忙分析一下这种职场里偶尔会遇到的烦人同事。

A21

只动嘴不动手的人
有自卑情结；
自我表现的人
有优越情结。
你没必要被这种人影响。

这种人有很多，阿德勒说："光想得好是不够的，重要的是实际做成了什么，给予了什么。"

如果想得好就行那可太简单了，比如你只要宣布"明天开始我要节食"就行了。但是你没有实践的动力，所以当朋友问你节食怎么样了，你肯定会说："我也知道我该节食，但是……"并且最终也不会节食。阿德勒称这种频繁"但是"的做法为"神经症的生活方式"。

这里的"生活方式"是指面对问题时的应对模式，也可以称为"性格"，但它不是天生的，所以阿德勒用了"生活方式"这个说法。这种人大抵从小到大曾反复面对问题，却最终一败涂地。

<u>总说"但是"的人并不纠结于"我该做可我做不到"，而是在说"但是"时已经决定不做，并且能给出很多不能做（实际上是不想做）的理由。</u>

Q15中说过，阿德勒把这种总说"因为A所以不

能 B"的情况称为自卑情结。他们会拿出周围人无法反驳的理由，即"既然 A，那我做不到也是没办法"。可是，为什么他们想逃避呢？

有两个理由。阿德勒说："所有神经症都是虚荣心。"逃避的人以神经症的方式生活，而广义的神经症患者有虚荣心，也就是想让自己显得比真实情况更好。

阿德勒讲过一个怪力男的故事：在马戏团舞台上，怪力男极其吃力地举起了杠铃。在观众的掌声和欢呼声中，一个小孩走上舞台，用一只手轻松地拿走了怪力男刚刚举起的杠铃。

阿德勒说，<u>很多神经症患者都擅长用貌似费力地举起轻杠铃的方式来欺骗他人，好让别人觉得他承受了过多的负担</u>。所以，逃避的人也是想通过"艰难"地完成一件事来获得好评，这就是虚荣心。

此外，当预计无法达到目标或实际上没达到时，他们也会找这个理由。而如果实现了，他们就会表现得仿佛这件事非常困难，就像怪力男那样。

他们的另一个逃避理由是想活在"只要做就能成

功"的幻想中。有的人稍微感觉要失败就会放弃，这样的人小时候大抵听过这样的话："你其实很聪明，只要努力学就能取得好成绩。"

如果听了父母的话真的努力学了，结果成绩还不好，他们就不得不接受自己学不会的事实，于是他们选择待在"只要学就能会"的可能性中。有过这种经历的人，成年后也会做同样的选择。

我以前在大学教过古希腊语，我在课上讲了语法之后，会让学生做翻译习题。有一次，一个学生猜都不肯猜，我问他为什么，他说："我怕做错后被认为不行。"这个学生不仅会英语，还出色地掌握德语和法语。在他过往的人生中，从未有过不行的经历。

学生不回答，课就上不下去，因为我不知道学生哪里不理解就没法教，教学方法也可能会出问题。于是我向那个学生保证："就算你做错了，我也绝不会认为你不行。"结果从下一堂课开始，他不再怕犯错，也发挥出了实力。

无论是学习还是工作，我们都必须从接受真实的自我开始。

为什么要干涉别人的工作

现在的问题是,你的同事不仅害怕承认"我做不到",没意识到自己能力不够,还插手别人的工作,未经许可就对别人的工作指手画脚,这就是干涉。

这种干涉绝不是为了别人好。有些人会错误地觉得,如果指挥别人干而自己不干,自己就很优秀。当然,领导必须分配任务,有些事他们也不能自己做。但即使如此,同事们之所以愿意按领导说的做,不是因为领导只会夸夸其谈,而是知道领导会比自己做得更好。

可这个人不是领导,只是个同事。一个不干活只发号施令的人是讨厌的。自我表现的人在阿德勒看来有着优越情结,而优越情结和自卑情结是一体两面。真正优秀的人是不会夸耀自己的,也不觉得有这个必要。优秀的人只是优秀。

此外,年轻人虽然没有"当年",但确实有人爱夸耀当年,这种人也有优越情结。有人会像老古董似的说:"我们当年干得可多了,哪像现在的年轻人。"

他们年轻时应该没有电脑,所以现在的年轻人肯定比当时的他们干得更多更快。

基于以上这些,聪明的做法是明白为什么你的同事要自我表现,然后抛弃烦恼过好每一天。

为这样的人浪费精力、搅乱平静是不值得的。

Q22

阿德勒心理学要我们对孩子不表扬、不批评、平等对待,但这做不到。

孩子做错了就批评,做对了就表扬,这说起来极平常,但阿德勒心理学并不鼓励父母批评或表扬孩子。为了让孩子拥有幸福的生活,父母该怎么与孩子相处呢?

A22

如果被批评或表扬,
孩子就感觉不到自我价值。
父母应该先理解
自己行为的意义。

任何观点光理解都很容易。就算有点难，只要努力去理解就行。可要是想靠它从根本上改变自己的生活方式，就会有人停在理解但做不到的阶段。换言之，"做不到"不是"做不到"，而是"不想做"。为什么会这样？我们来思考一下。

不表扬、不批评和平等对待三者并不是独立的，平等对待就是不表扬也不批评，做不到平等对待的人只是因为不知道平等是什么意思。阿德勒说：

> 想要从脑子里彻底清除管理和被管理的区别、感到完全平等仍然是很困难的，但能有这种想法本身就是进步。

看来不思考平等是什么的人比不理解平等是什么的人还要多。而要理解平等，就要先明白平等关系里没有批评也没有表扬。

先来说说批评。假设孩子犯了错，如果父母真能平等对待孩子，他们只要解释哪里不对并让孩子改正就行了。可很多人还是会选择批评，因为他们觉得讲了孩子也听不懂，这就是俯视。

反之，表扬也不意味着平等看待。很多人觉得表扬了孩子会高兴，就会成为好孩子。可如果父母认为自己与孩子处于平等关系中，他们就不会表扬。

如果一个小孩在火车上不哭不闹，安安静静地坐了很久，父母可能就会表扬小孩。但他们绝不会对一个成人说："你能安静地坐火车好厉害啊！"

当孩子做成了某件父母觉得孩子做不到的事，他们就会表扬孩子。可从孩子的角度看，这意味着："虽然对我来说不难，但他们觉得我不行。"如果孩子意识到这点，他们可能就会感到被轻视了。

失去自我价值

批评和表扬会让孩子感觉不到自我价值，这才是最大的问题。如果是刚刚犯错受到批评，孩子可能会想：毕竟是我错了，这也没办法。可要是父母说的是"你就是干啥啥不行""你怎么老是犯错"这种放在职场妥妥属于霸凌的话，孩子就会感到人格被否定，也不会感受到自我价值。

而且，表扬往往有附加条件，也就是"我希望你这样做"。如果父母对孩子宣布"这样的孩子好，那样的孩子不好"，没被父母表扬的孩子就可能会自我贬低。

感觉不到自我价值的人不会有勇气，这个"勇气"指的是面对工作（对孩子来说就是学习）和与人社交的勇气。学习是孩子的事，他们只能自己来；如果选择不学，后果也只能是他们自己承担。所以，父母不能强迫孩子学习。如果孩子被批评，他会认为自己没有价值（能力）并失去动力，最终会产生对抗父母的想法，拒绝学习。

此外还有其他的问题，比如自我贬低的孩子会逃避社交。人际交往中不可避免会因为被讨厌、被憎恨而受伤，但害怕受伤的孩子会反过来利用父母的训斥，认定"我没有价值"，并决心"既然我没有价值，那我就不与人交往了"（比方说不上学），结果父母又因为孩子不上学而陷入苦恼。

人际关系里的确有伤害，可也有幸福。没有父母不希望自己的孩子幸福，但他们的行为往往与愿望背道而驰。父母的表扬和批评就是不管自己的行为对孩子的影响，只是让孩子不能出于自己的意愿行动。如果明白了这点，父母就不会批评或表扬孩子了。所以在说做不到前，先要明白自己行为的意义。

还有一个问题是，那些在批评和表扬中长大的孩子，在没有批评和表扬时会没法判断自己做的事是否值得。

本来自己做的事和自我价值都要自己认定。无论是否被批评，正确与否都只能自己判断。不批评就不改，批评了就改；表扬了就努力，不表扬就不干：这些都是不对的。被批评着长大的孩子也可能是好孩子，但这样的孩子会一直看父母脸色，不会自发行动。

还有，那些没法不批评不表扬的人，最大的问题是他们想让孩子依赖自己并渴望优越感，让孩子听自己说话、评价孩子会让他们非常舒适。这样的父母也是从小在批评和表扬中长大的,所以他们没法自己确认自己的价值。

此外,这样养大的孩子会倾向于与人竞争。在兄弟姐妹的关系里,他们会努力不被批评和获得更多表扬,以此凌驾于其他兄弟姐妹之上。被表扬会让他们沉浸在优越感里。学习和工作本应与优越无关,但这样的孩子只会把自我价值放在竞争或等级关系中。

所以,他们在工作中会缺乏信心,担心被下属看穿自己的无能,会在与工作无关的事上无理呵斥,试图通过贬低下属来抬高自己。在家庭里,他们会觉得没得到孩子的尊重,于是为了满足自尊心,用批评和表扬让孩子依赖自己。

认为不批评、不表扬、平等相待做不到的人并不是做不到,而是不想做。毕竟,这会威胁到他们的优势地位。

第四部分

恋爱和婚姻的哲学

恋愛、結婚の
哲学

Q23

怎么才能
与没有未来的伴侣断绝关系？

对方不是认真的，或者哪怕是男朋友/女朋友也并不打算一起住或结婚。比起这种看不到未来的关系，是不是应该换个能一起憧憬未来的人？

A23

没必要与没有未来的人
强行断绝关系,
你只要逐渐
降低"服用频率"就行了。

不谈目标，享受当下，终有一天也会有结果，这当然是正确的。可如果这结果意味着"关系不能更进一步"，那你就很难对未来抱有期待。

<u>二人关系的目标不一定是结婚，但如果彼此喜欢且希望发展关系，那么最重要的就是要在目标上达成一致。</u>这里的"目标"指的就是你们希望将来的关系怎么发展。

学生时代或许只要在一起就够了，但随着毕业临近，大事小事都要作决定，比如毕业后住在哪里，是否要一起住，要做什么工作以及在哪里上班，最后还可能要异地恋。由于这些急迫的选择，相当多的学生情侣都走不到结婚那一步。

即使没有这些外部问题，如果一方想结婚而另一方根本没这种想法，当他们发现彼此目标不一致时，这段关系也可能会结束。

对方可能会举出许多不能结婚的理由，但这些不过是为了合理化不想结婚或不想与你结婚而找补的借口。如果想让关系推进，你们就要认真讨论未来该怎么办。如果你提出这个话题导致关系出现裂痕，那么很遗憾，你们的关系不太可能推进了。

又或者，之前关系就岌岌可危，你连看到对方的脸都讨厌，甚至忍不了跟对方在同一个空间里，那么事情就简单了。这种情况下，虽然刚分手会有精神上的剧痛，但随着时间推移，伤口就会结痂愈合。总之，最重要的是不要感情用事。

另外，虽然加深仇恨能帮你果断分手，但最好不要强行揭开伤疤，毕竟你会流血，也会伤得更深。

降低"服用频率"就行了

如果你知道对方不是认真的，却依然无法决心分手，事情就复杂了。<u>如果你嘴上说分手，实际却藕断丝连，那么你的行动比话语更表明了你的真实想法。</u>换言之，你不想分手。

在这种情况下，你最好也不要试图断绝关系。英语中有一个词叫 taper，意思是细小的蜡烛，作为动词也有"逐渐变细"或"逐渐减少"的意思。有些药在服用期间，哪怕症状消失了也不能突然停药，否则会出现严重的副作用。这时就要 taper，即减少单次服用剂量或者降低服药频率，直至完全停药。分手也一样，如果不能 taper，分手后很难不复合。

所以，如果发现两人前途晦暗，就要做到"暂时"不见。因为如果只是刚吵完不想见，打个电话发个信息就又见了，那很可能又会因为同样的原因吵架；可如果太久不见，你又会感觉好像没什么问题，比如彻底断联两个月后会更想见面想聊天，还会觉得能回到从前。

不，你没法回到从前。

目标一致是建立良好关系的必要条件，但不是什么目标都行，也不是必须设定在将来。你正是因为对现状不满，才对关系没进展感到焦虑。所以就算目标一致，如果只顾将来不顾当下，就算复合也还是会吵架。

Q24

喜欢我的人我不喜欢，我追求的人又对我没兴趣。

为什么不能跟喜欢的人两情相悦呢？为此苦恼的人应该不少吧！喜欢的人对自己不理不睬，完全没想法的人却对自己有好感……请从哲学的角度讲讲恋爱的神秘吧。

A24

重要的是行动。
想被爱就要在对方心里
引起共鸣。

如果喜欢的人也喜欢你，恋爱就太容易了。可很多时候就像你所说，我们常会被没兴趣的人喜欢，喜欢的人又对我们没兴趣。

如果你认为就算心有所属，不说出来也可以，事情就简单了，因为你觉得不被喜欢也没关系。可这种单方面的爱是有问题的，也不该如此。

哲学家森有正写过自己第一次对女性产生乡愁般的憧憬以及轻微欲望时的感受，但其实他和这位女性没有说过一句话夏天就结束了，女士也离开了。但森有正仍然"完全主观地、在不直接接触对象的情况下建立了一个理想型"。这不是真正的她，而是森有正想象的原型。不过对森有正来说，没说过话恰恰是一件好事，因为这样她就可以在他的心里永远作为原型存在。

但我们要考虑一下，只有憧憬而没有交谈的关系是否可以叫作"爱"。在交谈之前，对方只是徒有人形，与物无异。为了让喜欢的对象变成真实的人而不仅是原型或理想型，我们就要与对方交谈。

哲学家波多野精一曾在《宗教哲学》中讨论人格何以成立：当我们从窗户俯瞰行人，如果只是看，那么即使我们称其为"人"，实际上也不是人，而是人的形态，即物；可当其中一人驻足回首，是我们的朋友，我们与他交谈起来，此时人格便成立了。虽说仅凭三言两语很难说能认识人格上的他者，但还是能让我们意识到对方和我们主观的想象不同。

而且，即使一开始感觉这个人是这样的，随着聊天的深入，这种印象也会改变；相应地，对方也会了解我们的内心。所以哪怕我们心仪对方，对方也可能对我们失望；也可能会反过来，就是之前毫无想法，聊着聊着就渐入佳境，产生好感。

你说"我追求的人对我没兴趣"，说明你对心上人采取了某种行动。行动不同，对方的反应也会不同，有时方法有问题也会没法引起对方的兴趣。

人类通过自由感受到爱

行动有两种。一种是积极的行动,即为了被注意而自我展示。这里存在一个反直觉的情况,如森有正所说:"爱寻求自由,可自由必带来危机。"

若问"什么时候会感到自己被爱",答案便是自由自在、不被束缚时。也因此,束缚、限制或控制只会把对方推得更远。比方说有工作上的饭局,如果伴侣事无巨细地问你去哪里、和谁在一起、什么时候回家,你就可能会感到不被信任。

那么,如果给对方自由、毫不束缚又会怎样呢?按森有正的说法,这会带来危机。毕竟如果什么都可以,对方可能很快就移情别恋。当然,森有正的说法并不必然,自由不必然导致移情别恋,甚至还可以促进爱的实现。

这个世上有两种事是不能强迫的,一是尊重,二是爱。即使说"尊重我"或"爱我",也未必会获得尊重和爱。

前面说过,人们会以某种形式向感兴趣的人发起行动。即使你只是想被意中人注意而不是要强迫，对方也很可能会把你的行动视为"爱我"的要求。如此一来就能理解为什么你感兴趣的人会对你没兴趣了。

另一种行动的方式是不行动。我们不会对没兴趣的人行动，但换个角度说，你之所以被没兴趣的人喜欢也是因为你不行动。被没兴趣的人喜欢或许令人困扰，但如果知道不行动等于会被喜欢，你也可能会选择不积极接近自己喜欢的人，假装自己没兴趣。

如果信息不及时回，对方就会焦虑，会担心自己说错了话——有些人会用这种办法吸引对方注意。我们姑且不论这种做法对不对，只讨论为什么不积极的行动也能影响他人。

一位男性在与德国作家露·莎乐美激情交往了九个月后就写出了一本书；而与她过从甚密的尼采、里尔克等也从她身上获得了诸多灵感，作诗著书。虽然不是写书，但很多人在开始新恋情时，读的书或听的音乐都会发生变化，且这些变化是自发的。

如此看来，我们还可以加上另一种行动方式：既不积极主动也不是不作为，不支配他人也不被他人支配，仅仅是做自己而影响他人——也就是共鸣。

如果想获得对方的爱，你必须拥有能引起对方共鸣的东西。但即使如此，对方是否会对你的行动产生共鸣也说不准，因为还需要频率一致。

你的另一个问题是逃避责任。因为喜欢的人不理你，你就把责任推给对方："我都这么喜欢他了，他却不喜欢我。"可是你不喜欢的人对你表示好感，你也不愿意和他在一起吧？

那么，如果能让喜欢的人接受自己，恋爱就能顺利进行吗？很遗憾，也没这么简单。

被喜欢的人关注、被爱会让你高兴，但这只是恋爱的开始，你还要爱对方并努力经营这段关系。当然，有时候努力也不会有结果。

或许保持在"如果对方注意到我"的可能性中会更轻松，但如果不行动、不去爱，没有下决心承担这份责任，你就没法收获一段恋情。

Q25

我真心爱上了一个不该爱的人，我知道不应该，但分不了手。怎样才能结束这段关系？

我爱上了一个有伴侣的人。一开始只是随便玩玩，可不知不觉间就越陷越深，我也不知道该怎么办了。请您帮我从这段虐恋中解脱吧。

A25

"不该爱"不是问题，
你要从心里明白
这段关系对你没好处。

处于幻想状态的恋爱是容易的，你只是悄悄地暗恋，不用担心被拒绝，也不会在交谈后发现对方和自己的理想型相去甚远而感到幻灭。如果害怕被拒绝、被憎恨、被背叛而受伤，你就没法恋爱。不仅是恋爱，任何人际关系都不可能没有摩擦。

你有勇气面对恋爱的真实情况，但我发现你的立场是消极的，因为你问："怎样才能结束这段关系？"

你不可能一开始就想结束这段关系。不仅如此，你还动了真心，说明这段关系原本应该不错。尽管如此，你还是选择问"怎样才能结束"，原因是"不该爱"对方。可这个道理并非理所当然，因为"不该爱"不等于"必须结束"。

刚开始这段关系时，"不该爱"对你们来说不是问题，至少不是那么大的问题。我猜，一定是发生了什么足以影响你们的关系。它不是关系的问题，而是导致关系无法继续的外部问题。当这种问题出现时，你们中的一方或者双方表示："我们该分手了吧？"一旦谈及分手，这段关系就与一开始不一样了。这个导致双方不得不分手的原因是每个人都可能遇到的，不管其种类和严重程度如何。

另外，也可能是你们的关系本身发生了问题。哪怕彼此相爱，感情也不可能永远不变。即使是曾经爱得辗转反侧的人，也可能一觉醒来就不爱了。可即使出现问题，如果两人关系健康，你们还是会一起努力渡过难关，这种问题不会让你们的关系恶化。

所以，你问"怎样才能结束这段关系"，在我看来是消极的，也是想当然了。明明有别的办法，你却说"只有分手能解决问题，可我又分不了手"。你其实根本没去解决问题。

人不会坠入情网

我还注意到你用了"爱上了"，这种说法含有无能为力的意思，也就是说不知不觉间对某个人动了心，而那个人恰好不该喜欢。

很多人相信坠入情网的说法，但爱情是无法坠入的，人不会不知不觉爱上谁，而是自己选择了去喜欢。何以见得呢？因为刚交往时的优点，在出现矛盾时都会变成缺点，比如"可靠"会变成"独断专横"，"温柔"会变成"优柔寡断"。如果明白人是先决定去喜欢然后再找理由，这种变化就很容易理解了。

确实有人会找有难度的人当对象。虽说不管怎样的感情，周围人都不该指责，但人的确不是坠入情网而是主动选择爱情的，所以有难度的人也是你选的，这也就是为什么出现问题时两人都想归咎于对方。

你说自己真心爱上了一个不该爱的人，但至少这是一个主动的决定。虽然一开始为了能随时分手，你们给这段关系打了一个活结，但不知不觉间它越系越紧，直至难以解开。按这个思路，虽然你说"我知道不应该，但分不了手"，但其实你不明白。

苏格拉底曾说："无人自愿作恶。"这句话中的"恶"不是道德含义，而是指"无益的""困难的"，甚至"不幸的"。与此"恶"相对的"善"则意味着

"有益的"或"幸福的"。所以，你不是"知道不应该，还是爱上了，且分不了手"，而是明确知道"喜欢""分不了手"都属于"善"，也就是对你"有益"。从这个意义上说，你其实并不纠结，你只是需要表现出纠结的样子来。

表现得纠结对你有什么好处呢？如果是你们的关系出了问题，你们应该想办法解决问题，可你们没这么做，而是束之高阁。另外，且不说分手是不是唯一的办法，只要还在纠结，你们就不用对是否分手做出选择，毕竟结束纠结就意味着要作决定了。

那么，如何结束一段关系呢？你需要真正明白这段关系是"恶"，也就是于你无益。周围人无权对你们评价，毕竟没人能预测未来，所以不管别人说什么，你还是会认定继续这段关系对你是"善"的。

最关键的是，你不能只盯着"不该爱"。如果只盯着这点，情况就不会改变，因为这无法决定你们的相处方式。另外，如果你觉得"解决了这个问题我们就会幸福"，那这远远不够，因为你对什么样的关系是幸福的并没有清晰的概念。

Q26

**我和伴侣总吵架，
虽然都是小事，
但还是让我心烦。**

刚在一起时我们彼此尊重，从不拌嘴。可不知什么时候起，我们见面就要吵。明明是喜欢的人，可总是为了一点小事吵架。有什么办法能改善吗？

A26

没有人越吵越亲，
总吵架说明已不再相爱。

无话不谈很重要，但没必要带着情绪，频繁争吵更不是理所应当。刚开始肯定不这样吧？如果想改善关系，第一就是不要放弃。如果想让关系变好，就要付出相应的努力。这并不是要你们更喜欢对方，因为要改变的不是你们的心情，而是你们的关系。

如何改变关系放在后面讨论。如果你不想分手，你必须避免吵架，没有人越吵越亲。

阿德勒说："愤怒是一种让人与人分离的情感。"争吵时没人不生气，所以争吵时两人间的距离、社交的心理距离必然会越来越远。争吵的人之间没有爱。不存在"相爱的人吵了起来"，只存在"吵架的人不再相爱"。

人不是先有爱意后聊得来，而是聊得来后产生好感。这个聊得来不是说多么有沟通技巧，而是想到什么就说，不用担心对方多想，也不用换位思考修饰言辞，甚至什么都不说也不觉得尴尬。

吵架是有目的的。当你觉得对方不行、想分手时，你就会为了营造这种情绪而吵架。所以，不管是大事还是小事，理由都不重要。或者说，任何事都能成为吵架的理由，直到哪怕不吵也一想对方就生气，最终就会决定分手。

　　不过有时吵架也可能是变相寻求身份确认，也就是通过惹对方生气来确认两人的关系，这样做的人大概率不知道其他确认关系的方法。

　　惹人烦固然可以引起对方注意，但如果你不打算分手，或是想以此获得对方的爱，只能说风险实在太大。想被爱就问对方："你可以爱我吗？"为了被爱而吵架是最糟的，你不需要这么做。吵架是对精力的浪费，有这精力不如努力改善你们的关系。

怎样保持心平气和

　　那么，如何改善两人的关系呢？
　　一个办法是多回想刚在一起的时候。刚在一起时，为了不被对方讨厌，很多话会被咽回肚子，现在都可以说出来了——但不可以无所顾忌地语出伤人。

接着，如果你想让对方做什么或不做什么，不要发火，而是要"商量"。前面说过吵架不需要理由，但如果要求被拒绝，你就可能会有情绪。为了避免这样，你要给对方留余地，比如用疑问句（"你可以为了我做这个吗？"）或假设句（"要是你帮我做这个我会特别开心。"），这样就不太容易情绪化。

当然，即使这样说也可能被拒绝，但这样你就更容易接受了，因为你不会觉得对方必须听自己的。

吵架本质上是讨论，所以要把情绪过滤出去。这么一来，你就会慢慢发现平和的相处越来越多，而不是像过去那样一见面就吵。

培养一段关系要很久，破坏一段关系只要一瞬。好在吵架也可以修复，就是在无法挽回前坦诚道歉。

或许有人觉得这太累了，但这是为了改善你们的关系，并且能看到结果。即使无法一下子看到改变，但与徒劳地浪费精力相比，你会真切感到不同，且并不用等很长时间。

Q27

最近我在为性无能发愁，有办法治好吗？

有没有人跟伴侣缺乏性生活并感到焦虑的？不仅是情侣间，夫妻间这一问题更普遍。请您谈谈这个问题。

A27

你应该享受当下,
这样一来,
就不再是狭义上的性无能。

爱情关系与职场关系、朋友关系本质上相同，因此很难想象职场上受人尊敬的领导在家被孩子疏远，或交友困难的人恋爱顺利。可以说，任何一种关系出问题都说明你在人际交往上有需要改善的地方。

同事只需要工作往来，朋友共处的时间更多，而恋人或夫妻的关系则更加亲密，相处的时间也更长。因此，一旦关系出现问题，就会痛苦大增。

好在恋爱关系还是没有亲子关系难，毕竟情侣可以分手，夫妻可以离婚，亲子则无论关系如何恶劣，本质上都切不断。可话是这么说，要是能轻松分手，我们也就不用烦恼了。

恋爱关系与其他关系的区别仅仅是亲密度和持久性吗？也不是。毕竟就算两个人认识多年、关系亲近，也不会因此成为恋人。在阿德勒看来，身体吸引是区分恋爱关系与其他人际关系的关键因素之一。那么，有身体吸引就能成功恋爱了吗？也没有那么简单，因为在那之前还有各种问题要解决。

况且就算在一起了，还是会遇到很多人际交往的问题。下面我们就讨论一下性生活的问题。

其他时间会影响性生活

首先，性只是爱情关系中的一部分。

刚在一起时，无论约会还是性生活，都是远离现实的庆典，是梦幻般的快乐时光。然而随着共度的时间越来越多，两人开始同居，性生活所占的比例就会相应减少。因此，<u>性生活以外的关系不顺也会影响性生活。</u>

为什么会这样？因为性也是一种人际关系。我们很难将性生活的时间与其他时间彻底分割，毕竟吵架后连对方的脸都不想看吧？如果性之外的关系不好，还要花时间修复，维持关系就会很难。可即使如此，关系还是能回到从前。性关系也一样。

性是一种非常强大的关系，所以有时关系出问题的两人，能够通过性恢复亲密。可有的人会将其视作认输，甚至会为了拒绝性而产生症状。比如有人认为不能无理由拒绝性，便想如果自己有勃起功能障碍或是性冷淡，对方就会放弃。这样的人就算有一天性无能了，也不是突然发病，病因很可能是上面这些。如果患者有这类症状并想解决性无能问题，我们就不会只关注症状，而是从两人的整体关系入手。

其次，在性关系里出现沟通问题也会影响两人的关系。爱意不是从石头里蹦出来的，当彼此建立了舒适的关系并沟通顺畅时，好感就会油然而生。如果没有沟通甚至吵架，爱意就会在两人之间消失。

性是人际关系，且本质上要关系亲密的人才可以，所以感到关系疏远时就会无性。这里沟通顺畅的意思是：即使说的话毫无营养，或者什么都不说，在一起就能感到愉快。如果性关系也能如此，互相拥抱就足够了。

为性无能苦恼的人就像认为不说话或少说话关系就会变差的人一样，然而恐惧沉默、拼命说话并不意味着关系好。同样的道理，有性也不意味着关系好：

比方说性的目的变了，或者一开始对性的期待就不对。性是沟通，是为了美好的时光，但如果是为了寻求爱与被爱的证明，那么性无能就会被认为是不爱或不被爱，并认定需要治好。这么想的人不愿意承认性以外的关系也不好，只想将性无能视作关系差的原因。

性关系比其他任何关系都更亲密，它直接揭示了你们的关系。换个角度说，如果能把这一关系经营好，它或许就能成为改善生活中各种关系的突破口。

性是当下的体验。如果不能专注当下，你就无法享受。初见时的两人可以享受当下，只是在一起就很满足，能否再见都不那么重要；而当两人希望延长当下、想要一直在一起，关系就发生了变化。

现在你要做的就是享受当下，这样一来你就不是狭义上的性无能。只要你不被性无能所困，你们的关系就会变好。因为过去你认为性生活必不可少，是两人关系好的证明，反之亦然。但现在你知道，无性并不会动摇你们的关系。

Q28

我总是跟有问题的人交往。
好想谈一场幸福的恋爱。

周围人都找到了优质的伴侣、结婚,过得越来越幸福,为什么只有我总找上有问题的人?或许总找有问题的人,原因在我自己身上吧。

A28

恋爱不幸福不是因为
找不到合适的人，
关系是要两个人
共同经营的。

所谓的有问题可能是酗酒、花心、挥霍或者已婚。如果一开始你就知道对方是这种人，你不会考虑交往。毕竟不喜欢就不会想交往，知道对方有问题，恋情就不会开始。可如果你"总"找有问题的人，这就是另一回事了。

追求幸福恋爱的人按说不会特地选这种人，但人还是可能在无意识中选择这种人。

阿德勒援引过一位女士的案例，她在十四岁情窦初开时被嘲笑，从此拒绝扮演"恋爱中的女人"的角色。后来，她爱上了一位已婚男士。阿德勒在《人为什么会患神经症》中说：

> 对于这样与已婚男士的结合，我们不能一上来就武断地指责，因为没人能确定这样的爱情是否会有好结果。
>
> 我们不能忽略的是，所有处于这种境况

的女性都像她们的父母以及所有人一样,清楚地知道随之而来的巨大困难。她们告诉自己:"爱情就是这样。"她们选择如此困难的爱情,让人乍一看不禁怀疑她们不想让爱情和婚姻成功。

也就是说,<u>她们是明知有问题而选了这样的人,并且目的就是为了不让爱情和婚姻成功</u>。案例中的女士为什么不想成功?她是有理由的。她是家里的二女儿,她的姐姐非常聪明、受欢迎,朋友也很多,而且比她漂亮。

> 于是她的人生成了一场上气不接下气的长跑比赛,只为了追上她的对手。

尽管她在学业上远超姐姐,但魅力十足的姐姐拥有幸福的婚姻。她爱上已婚男人就发生在姐姐结婚时,姐姐的婚姻威胁到了她的优越感。

> 以竞争为性格特征、以优越感为目标的女性总是处在因婚姻失去勇气和自信的危机中，婚姻通常是对她们优越感的威胁。

即使她像姐姐一样结婚，但如果不幸福，那就意味着她在与姐姐的竞争中失败了。只要结婚就必须比姐姐幸福。所以，她转而寻找无法结婚的理由，那就是爱上已婚男人。她认为这段爱情无法成功都是因为对方，她说着"爱情就是这样"，然后要么再也不恋爱，要么就反复和有问题的人恋爱。毕竟，她需要不结婚的理由。

"如果他单身，我应该会和他结婚。"她说。

不结婚就不会输给姐姐，阿德勒说，这位女士对爱情和结婚的犹豫在对话中体现得淋漓尽致。

"就算结婚，我丈夫也是两周后就会离我而去。"

听闻此言，阿德勒暗示她逃避婚姻是因为强烈的自卑感，但她表示了否认。阿德勒说，如果她没有自卑感（这是在与姐姐竞争失败后产生的），她就不会认为即使结婚，"丈夫也是两周后就会离我而去"。

无论是初恋时被嘲笑没有姐姐有魅力，还是父母婚姻不幸福，这些都不是她对爱和婚姻犹豫的原因，而是她为了合理化自己的犹豫搬出的理由。

那么，怎样才能谈场幸福的恋爱？我们就用阿德勒援引的这个女士的案例来讨论一下。

首先，<u>坚决不要谈只能对自己说"爱情就是这样"的恋爱</u>。的确有些人要在交往后才能暴露身上的问题，毕竟人都会掩饰缺点。但是，如果你主观认定这个人肯定也有问题，那么这种想法就会成真——毕竟人非圣贤，只要想找毛病总能找出些什么。

其次，你要明白恋爱不幸福不是因为找不到合适的人。<u>恋爱不是一个人的事，关系是要两个人共同经营的。即使对方跟别人恋爱时有问题，只要你们的关系好，对方的行为也可以变好。</u>

最后，你要停止恋爱上的竞争。前文中的那位女士把姐姐视作对手，但恋爱和婚姻不是比赛。无论你是否谈恋爱，是否结婚，这些都与你的个人价值没有关系。

Q29

爱一个人意味着什么？

您肯定曾对某人怀着淡淡的好感，也有过理性无法控制的恋爱。但不是执着，不是依赖，也不是恋爱初期激素引起的错觉，而是真真正正地爱一个人，这种经历您有过吗？

A29

爱是关于爱的能力的问题。
那些说
"我讨厌他,却喜欢你"的人
不能说有爱的能力。

向从未爱过的人解释什么是爱，就像在炎炎夏日解释寒冬之冷一样困难。我想起了一个故事。

一位律法师问耶稣："我该做什么才可以承受永生？"对于这个问题，耶稣问他律法上写的是什么，律法师回答说："你要尽心、尽性、尽力、尽意爱主，你的神；又要爱邻舍如同自己。"耶稣说这就是正确答案，要他去执行。而后律法师问耶稣："谁是我的邻舍呢？"精通宗教规范的律法师每天都在实践爱他的神，却不知道如何爱邻舍如同自己，所以他认为在爱邻舍前要明确定义一下"邻舍"。但耶稣没有直接回答律法师的问题，而是讲了一个撒玛利亚人救助遭强盗袭击的犹太人的故事。

一个犹太人被强盗袭击，倒在地上。路过的祭司和利未人（低级祭司）看到他都假装没看见，径直走了过去。只有一个撒玛利亚人看到伤者并动了慈心，他上前用油和酒倒在他的伤处，包裹好，并扶他上了自己的牲口，带到旅店里去照顾他，而且第二天还付了房钱。对于撒玛利亚人来说，平日歧视自己的犹太人本应是敌人，但撒玛利亚人没考虑这些，只是出于慈心帮助了犹太人。这个受伤的犹太人就是"邻舍"。讲完了撒玛利亚人的故事后，耶稣说："你去照样行吧。"

不管谁受了伤，人们看到都会想救助。八木诚一把"动了慈心"译作"心如刀绞"：撒玛利亚人心如刀绞，帮助了受伤的犹太人。这是"出于人类本性的自然行为"。

我之所以从撒玛利亚人的故事开始说，是因为人们通常认为恋爱是排他的，不是面向所有人的。也有人说："我讨厌他，却喜欢你。"这句话儿乎已等同于不爱别人只爱对方的证明。

社会心理学家艾里希·弗洛姆认为爱是能力问题，而且是爱别人的能力问题。这种能力不以特定的人为对象，也不排他。所以那些说"我讨厌他，却喜欢你"的人，不能说具备了爱的能力。哲学教授左近司祥子说：如果喜欢猫，那么无论脏兮兮的流浪猫还是蓬松的波斯猫都是可爱的。真正爱猫的人都会同意这点。按这个逻辑，说"我讨厌他，却喜欢你"的人，不能说真正意义上爱着别人。

尽管如此，就像撒玛利亚人的故事里说的一样，还是有人认为不能爱敌人。阿德勒对爱的看法与耶稣要求"爱仇敌"的"邻舍爱"相近，但他指出，被宠坏的人可能会说："我必须爱邻居吗？那我的邻居会爱我吗？"即使没被宠坏，也会质疑：要是对方不爱我，我干吗还要爱对方？

弗洛伊德就对耶稣的"邻舍爱"表示怀疑。实际上，如果是"如邻舍爱你一般爱你的邻舍"，没人会有异议。每个人都会说："如果你爱我，那我也爱你。"弗洛伊德认为"爱邻舍"是一个理想命令，是违背人类本性的。他认为爱陌生人不仅不值，而且还可能会引发敌意甚至憎恨：

> 为什么应该这样？这样做有什么用？最重要的是，这个命令怎么执行？它真的能被执行吗？

但阿德勒认为，弗洛伊德的这些质疑是只想被爱的人思考的。他全然拒绝这些，认为即使没人爱自己，自己也要爱邻舍。

与独一无二的人相遇

我们知道爱不是排他的，而是可以爱任何人也就是非个人的。不过恋爱也有个人的一面，那就是独一无二、不可替代的我爱上了独一无二的你。说"我讨厌他，却喜欢你"的人，他们爱的"你"并不是独一无二的。所以只要心思改变，他们马上就会爱上另一个人。

怎样才能与这个独一无二的人相遇呢？马路上的擦肩而过不能算相遇，在学校、单位里见过或是一见钟情也不意味着相遇。

宗教哲学家马丁·布伯说：人面对世界有两种态度，即"我—你"关系和"我—它"关系。在"我—你"关系中，我以全副人格面对你；而在"我—它"

关系中,我将你视为对象(它)来体验。在不对话、以人为对象的"我—它"关系中,对方与"物"无异。"我—你"关系和"我—它"关系的根本区别在于是否对话。

一见钟情时,因为对方和你以前认识的人很像,所以明明初见,却仿佛认识很久。但在对话之中,在以全副人格相对的"我—你"关系中,我与你相遇了,于是我成为"我",对方则被唤作"你"。这一时刻,便是二人的初次邂逅。

身处这种关系中,我不再是以前的我,我不再是孤身时的自己,而是因所爱之人获得了新生。于是,"我们"而非"我"的人生开始了,相爱的两人就这样战胜了孤独。

Q30

请告诉我，
怎么能保持彼此关心？

尽管好多年了，我还是很想跟这个人在一起。可想归想，长期生活在一个屋檐下，关心、感激的情感还是越来越薄。怎么才能一直保持初见时那种感觉呢？

A30

不要对两个人的关系习惯。
如果想和伴侣
一直关系良好，
那就分享"活的时间"。

在刚认识不久、约会没几天时，陪伴总是令人愉快的。可随着一起生活的时间越来越长，你们可能会对彼此习惯，会说话不注意分寸，会跟对方耍脾气，甚至可能会爆发前所未有的争吵。但交往时间长并不意味着失去开始时的心情。为了不忘记当初的感觉，你们要学会拒绝惯性。

试着每天一睁眼就想："今天是我第一次见到这个人。"也许对方昨天说了不好听的话，但这不意味着今天也会说不好听的。如果你认定今天对方肯定要说难听的话，哪怕对方没有恶意，有些话听起来也会变得难听。没必要让前一天的事影响今天。

人总在不断变化，你都不再是昨天的你。当然，这不是说你完全成了另一个人，但你的感受和想法总在变化。事实上，你们俩都不再是当初的自己，这就是问题。

这种变化虽然短时间内很难看到，但如果你觉得眼前的人和昨天一样，你就没法发现对方的变化。如果你们能意识到彼此的变化，你们就不会觉得今天是昨天的重复，明天也就不是今天的延续。

虽然不知道将来你们的关系会怎样，但现在你们可以努力经营它。这是不断更新爱情的努力，它可以让你们的关系更好，所以是充满喜悦的努力。

可能有人会担心，如果每天都当成第一次见面，会很紧张。可恋爱初期的紧张和面试时的紧张截然不同，虽然紧张，但也是小鹿乱撞般的心动。这种紧张是为了让你专注于当下。

弗洛姆在《爱的艺术》里说："专注意味着完全活在当下。……专注力是相爱的人最应具备的品质。……两个人会常想逃离彼此，不要这样，要学着彼此靠近。"

我不认为人们常想从对方身边逃走，但如果不像恋爱初期那样在一起就很愉快，而是注意力被其他人或事物吸引，或是一直谈论过去或未来，那就没有专注于彼此共度的时间。也因此，两人间流淌的时间不是"活的时间"。

"活的时间"这一说法是精神科医生欧根·闵可夫斯基创造的。如果人在一起却不想着对方，时间就会分别流逝，那这段时间就是"死的"。与此相对，"活的时间"是两人共享的。彼此相爱并不意味着自动共享"活的时间"。不如说，当你们感到共享"活的时间"，才会产生爱意。

重要的是自己能为对方做什么

爱意并非一旦产生就会永远持续。爱是动态的过程，它只能被体验。它无法像物品一样被拥有，它不断地流动，时刻在变化。

所以，不是爱上一个人就完事了，你们要不断更新爱情。虽然对方会包容你的生气和不爽，但如果你滥用这份宽容，它就可能突然消失。我们不知道明天会发生什么，所以只能爱在当下。

最后，我们来谈谈如何保持这份关心。如果你现

<u>在关心对方，此后你可以一直这样；如果你现在不关心对方</u>，那么未来的你也不会关心。

关心意味着站在对方的角度，考虑对方的感受和想法，不是考虑对方能为自己做什么，而是考虑自己能为对方做什么。当然，如果不知道对方想要什么，直接问就好了。

维持长久的关系不是目标，而是结果。没必要考虑过去和未来，只要两人能充分活在当下，并让共度的时间成为"活的时间"，那么二人的关系也会持续下去。

后记

二〇一七年，我在COURIER JAPAN网站上开始写专栏《二十五岁以后的哲学入门》，回答网友的咨询。我从里面选了三十个优秀的问答，便成了如今这本书。

那年一月，我刚出版了《幸福哲学》。我清楚地记得当时这个网站的主编很喜欢这本书，打趣说是"暗面的人生观"。这句话准确地概括了我在书中的主张，因为我写的不是那种人生万事都如意的话。而之后专栏中的内容，对于认为人生能够万事都如意的人来说也难免有些打击。

当今这个时代，一件意想不到的小事就可以彻底改变人生，哪怕身强体健的人也可能会一夜病倒，原本的规划也就此化为泡影。所以，比起相信努力就有回报的乐天派，心怀远忧的人更懂得人生的真相。

除了对未来的焦虑，人际关系也是巨大的压力来源。确实有人不怕他人言语，不为社交苦恼，但那些在意他人眼光、害怕外界评价的人就是没办法为自己而活，他们想说的话不敢说，该说的话说不出口。

我认为哲学就是要思考怎么面对生活，怎么解决人际关系问题。没人不想幸福，但想真正幸福地生活就不能光思考幸福是什么，还要思考怎么能获得幸福。哲学只有落在这个层面上，才是实用的。

本书与其他人生思考类图书的不同之处就在于它的哲学根基。我本来是学哲学的，三十岁出头接触了奥地利精神科医生阿尔弗雷德·阿德勒的思想，其后便认为哲学必须解决生命中无法回避的问题，尤其是人际关系问题。

我以前读柏拉图的书，里面说苏格拉底每天都跟年轻人谈话，对此我实在无法想象。后来，我在精神病院做咨询，我就想：苏格拉底在雅典做的就是这样的事吧！故而，我也想在心理咨询中，包括在本书中给予大家渡过难关的办法和希望，而不是只说丧气话。

前面说过，没人不想幸福，但很多人即使知道自己的活法不幸福，却还是被惯性束缚。要想摆脱束缚，就得找到从惯性逃离的思考方式。我的基本观点是：首先，人是可以改变的。过去的经历会影响现在，但如果认为它决定了现在的自己甚至今后的自己，那就否定了教育和疗愈的可能。

其次，不确定的未来会让人感到焦虑，但也正因为未来不确定，生活才有意义。

最后，幸福只存在于此时此地。哪怕追悔过去、担忧未来，过去也已不存在，未来还不可知。真正的人生不在以后，当下就是人生的主场，人不是为了"将来"而活在"现在"。

可能有人会觉得，我的许多建议听起来有理，做起来却很难。他们会说你的意思我懂，"但是"，接着是各种理由。可要是还像以前一样，那结果也就会一样。改变是需要勇气的，毕竟要尝试没做过的事，也不知道会发生什么。如果我们停止说"但是"，在可能的范围内做出一点点改变，或许我们的生活就会往好的方向发展。

我的人生观是从暗面开始的，但渴求改变的人不仅不在暗面，反而是在直面困难、积极生活。每个人都会偶尔为工作和恋爱烦恼，为明天感到焦虑，这本书会给这些在烦恼和焦虑中努力前行的人一些生活的勇气。

            岸见一郎

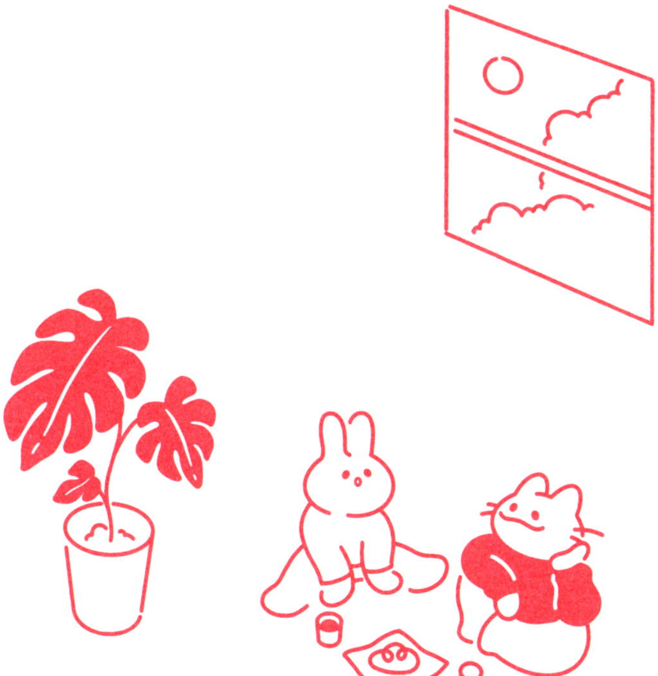

你们聊，我听听

作者 _ [日] 岸见一郎　　译者 _ 夏言

产品经理 _ 夏言　　装帧设计 _ 肖雯　　技术编辑 _ 顾逸飞
责任印制 _ 梁拥军　　出品人 _ 吴涛

营销团队 _ 果麦文化营销与品牌部

果麦
www.guomai.cn

以 微 小 的 力 量 推 动 文 明

图书在版编目（CIP）数据

你们聊，我听听 /（日）岸见一郎著；夏言译.
杭州：浙江文艺出版社，2025.2. -- ISBN 978-7
-5339-7773-3

Ⅰ．B821-49

中国国家版本馆CIP数据核字第2024PB8542号

NAKITAI HI NO JINSEI SOUDAN
© Ichiro Kishimi 2023
All rights reserved.
Original Japanese edition published by KODANSHA LTD.
Publication rights for Simplified Chinese character edition arranged with KO-
DANSHA LTD. through KODANSHA BEIJING CULTURE LTD. Beijing, China

本书由日本讲谈社正式授权，版权所有，未经书面同意，不得以任何
方式做全面或局部翻印、仿制或转载。

版权合同登记号　图字：11-2024-377

你们聊，我听听
［日］岸见一郎　著
　　　夏言　译

责任编辑　罗　艺
装帧设计　肖　雯

出版发行　浙江文艺出版社
地　　址　杭州市环城北路177号　　邮编 310003
经　　销　浙江省新华书店集团有限公司
　　　　　果麦文化传媒股份有限公司
印　　刷　河北鹏润印刷有限公司
开　　本　770毫米×1092毫米　1/32
字　　数　100千字
印　　张　6.75
印　　数　1—16,000
版　　次　2025年2月第1版
印　　次　2025年2月第1次印刷
书　　号　ISBN 978-7-5339-7773-3
定　　价　39.80元

版权所有　侵权必究
如发现印装质量问题，影响阅读，请联系021-64386496调换。